偶爾無所事事，
工作更有意思

誰說奮鬥和躺平只能二選一？
Z世代創業家教你找到自己的方式，
闖出另一條路！

Working Hard, Hardly Working:
How To Achieve More, Stress Less And Feel Fulfilled

格蕾絲‧貝芙麗（Grace Beverley）◎著
何佳芬◎譯

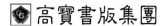
高寶書版集團

致　未來的你

目 錄
CONTENTS

前　言

　　就像大多數人一樣，我從青少年起就開始四處打工。我想自己應該也如同大部分的人，每一次工作都伴隨著偶發的驚喜和意料之外的挑戰。我在校時花了幾年時間爭取保母工作，說服堅定的中產階級父母既然已經付出昂貴的學費，那麼花錢請人來監督小孩練音樂是最值得的事。幸運的話，當保母應該是最輕鬆愉快的事，只要準時到雇主家，不必太費神地陪小孩看看卡通或是幫忙做地理作業的海報，然後讓他們在睡覺時間乖乖上床，接下來就輪到我盡情享受雇主家裡的衛星頻道。

　　我遇過最慘烈的保母經驗是在一個新「客戶」家，我才剛到，這家的狗就不知怎麼地趁大家不注意時溜出門，當我和兩個男孩（一個兩歲、一個四歲）見面時，他們的父母突然發現家裡的狗如胡迪尼魔術般消失，隨即驚恐大叫然後衝出門去找，留下我和兩個看似天真無邪的小男孩在一起。小

的要求我念恐龍故事給他聽，所以我和他一起坐在遊戲室裡讀《一隻名叫戴倫的梁龍》（*Darren the Diplodocus*），心裡默默希望小狗快被找到——有部分是真心的，另一部分是我自私地想要兩個大人快快順利出門，這樣就可以照計畫進行我的保母之夜。

　　這時我從眼角瞥到小男孩一號晃進廚房，於是我在念到劍龍史蒂文時暫停，走進廚房想把他叫回來。接下來的事一點也不誇張，因為等我看到他的時候，這個暴走的小孩竟然撞開加裝了兒童安全鎖的門，手裡拿著一把大菜刀。我在當下確信眼前有著天使面孔的小惡魔要麼砍我一刀，要麼就是不小心跌倒刺傷自己，然後害我變成殺人犯。

　　幸好我們兩個都逃過一劫，我請孩子們坐下來，用自認最權威的語氣解釋刀子非常危險，那麼做既不有趣也不聰明（除了可以被我拿來當作一本書的開場軼事之外）。可怕小男孩二號張開他的小嘴，我等著聽到一句對不起，但從他嘴裡冒出來的那句卻是：「我的便便要出來了！」我二話不說將兩個孩子抱起來，立刻往廁所方向全力衝刺，經過寶寶衛星雷達的指示，我發現自己的目的地是主臥室的廁所——這裡的室內裝潢不是普通的詭異，廁所裡竟然鋪了地毯，而且

是整個地板都鋪滿的那種，我立刻明白這兩個小孩是從哪裡遺傳到恐怖基因。

在那一刻，「我的便便要出來了」不幸變成「我便便了」，我還天真地抱著一絲希望再次確認：「你要便便嗎？」然後一邊聽小男孩熱情解說便便是怎麼從屁股裡出來的，一邊把另一個男孩放下來，開始脫掉便便男孩的褲子。我默默祈禱狀況不要太慘，但是一股刺鼻的屎味從他的小褲子裡衝上來，一大坨便便跟著掉在地毯上。當我哀號自己最近到底是造了什麼孽才落得如此下場的時候，另一個男孩發出近乎邪惡的咯咯笑聲，雙手伸向那一坨大便。

你應該會很驚訝以上只是「保母地獄夜」的上半集（說不定我該出版這一系列的書），下半集的細節我就不多說了，反正就是和直排輪鞋、樓梯、牆壁上的大便、一堆消毒水有關，然後兩兄弟的父母帶著如魔術般消失的狗回到家（因為他們錯過了餐廳的訂位時間），付了備受折磨的我六歐元，就跟我說掰掰了！既然這本書不是《小小孩的暴衝能力是最有效的避孕藥》，也不是《為什麼你永遠不該讓我幫忙帶小孩》，所以我會將重點放在這件事對於工作與生活的象徵意義。

　　儘管便便意外事件頗具喜劇效果，但也是我個人重要的里程碑，它讓我明白現實生活中的工作現場和夢想中的美好成人生活並不在同一個軌道上。更何況那次特別極端的經驗其實並不罕見，整段故事根本可以直接套用在每一個職場新鮮人身上。就像 Instagram 裡可能出現的字句——期望 ≠ 現實（然後正下方貼出一張比較圖，左邊是美美的擺拍，右邊看起來整個人像香蕉般歪扭，呈現出被現實摧殘的模樣），在大多數的情況下，我們的職場生活和預期的狀況截然不同，我當然也不會是唯一一個以為上班就像《無照律師》（Suits）裡的俊男美女那樣光鮮亮麗的傻瓜。

　　對工作抱持幻想是我不斷面臨的考驗。我記得自己十七歲的時候，在學校布告欄看到一則某個同學媽媽的公司應徵網路小編的廣告，我立刻把握這個可以在暑假賺點小錢的機會。我開心地每小時上傳精心挑選過的圖片給從自己臉書帳號篩選出的幾百個臉友（朋友的朋友）。那次的工作經驗讓我為想像中所謂社群媒體的經營工作重新設定標準。接下來的衝擊則是在高中最後一年，我剛滿十八歲的時候。那時候我正為了減重嘗試努力健身，為了讓自己不半途而廢，我決定開一個私密帳號記錄整個過程，從頭到尾只有兩個朋友知

　　道這件事，我也告訴她們不准按讚或追蹤，免得被其他人發現。然後我跟朋友鬧翻了，她們開始拿我上傳的尷尬照片取笑我（攻擊我最痛的地方）。那時候還不流行上傳穿運動內衣的照片，幸好我一直到擁有一萬個粉絲的時候才上傳露臉照，我也在一年半之後才真正從這個帳號賺到錢。

　　在開啟匿名帳號的前一個月，我送出了幾份應徵「真實」工作的履歷，選擇了比較傳統的職涯道路。在歷經幾次的口試和筆試，也參加了智力測驗和面試，遭遇無數次的拒絕、職缺已補還有錄取（每一次都讓我開心大叫）。最後我選擇到 IBM 擔任新客戶收購分析師，之後為期十三個月的實習剛好是我正準備畢業考和大學入學之間的這一年，所以我不但能參加考試，還可以在上大學前累積一些工作經驗和存點到時候會很需要的錢。理論上，我能學到完全不同領域的知識，還比別人有更大的機會進入企業體系，簡直是美夢成真！

　　這份工作、保母經驗以及社群媒體的大冒險，讓我歸納出三個勾勒未來職涯方向的現實考慮條件：穿高跟鞋在辦公室裡走來走去（不超過一個小時），承認我的工作大部分都能靠機器來完成而且和熱情一點關係也沒有，以及最顯而易見卻很少被提及的——我得二十四小時待命。

　　照理說，我應該比其他人更了解工作上的實況才對！尤其是開始動筆寫這本書的八個月前，我搬到了倫敦，那時候的我才剛從大學畢業，準備加入夢想中穿著西裝和合身套裝的首都城市上班族行列。我對職場生活充滿了幻想與不切實際的主觀想法，我想像自己努力工作，然後一路平步青雲。我們在成長過程中都以為工作和成年就是那麼一回事，所以一進入職場之後，便順理成章地認為接下來的一切將會水到渠成，我們總以為最困難的關卡是找到一份工作，然後就會「從此幸福快樂」。

　　只是，我很快就意識到自己每天工作二十四小時（包括週末）還是沒辦法把事情做「對」，而且根本撐不下去——但這卻是我的上班族日常。我被現實狠狠打臉，假裝自己很懂其實一點幫助也沒有，更別說有多愚蠢，這讓我無時無刻都覺得自己比別人還不如。但我安慰自己的方式不是正襟危坐地繼續努力工作，反而常常做一些平常不想做的瑣事，像是回覆某個老同學的電郵或是東摸摸西摸摸。當美好的假象開始斑駁褪色，現實的一面就顯露出來了——每一個人似乎都迷失了方向，期待熱情成為自己的動力，卻忍不住問是哪門子的熱情會讓自己一個星期花四十個小時在文件上打勾。

　　我認為工作上的期待與現實差異，不僅來自於對職場生活的幻想。對我而言，這個「職場新世界」的問題，有更深層的起因。

　　在我看來，社群媒體必須負起很大的責任。這個說法或許並不令人意外。想要探討現今的職場生態，就絕對不能將社群媒體排除在外。所以在接下來的章節裡，我會經常提到這部分的關聯性。我們都是在「注意力經濟」中成長的一代，全世界最富有也最強大的企業無不在生活的各個層面，成功搶奪我們的注意力。誤導我們的不再只有電影或電視節目，更勝一籌的是透過手機螢幕傳送經過包裝並披上亮麗外貌以掩飾真實的訊息滲透。我們看待大多數事物的表面都有一個社群媒體的印記──從汲汲於自我成長到所謂成功和自我價值，我們都是極端相互比較或被比較環境下的一群。然而，社群媒體顯然只是加劇了其中許多問題的產生，並非肇因。對千禧世代與 Z 世代來說，無論是和其他人比較、覺得自己必須最後離開公司，還是想被別人視為成功人士，這些都不是新鮮事，但我們卻是不斷被這些無所不在的問題所包圍的第一代。這些問題不斷相互交纏，我們需要相互比較的人數也呈倍數增長。就某種意義上而言，社群媒體就像是一面放

大鏡，放大了我們所面臨的許多問題，也促使我們去檢視這些問題。

　　雖然我們不應該低估社群媒體的影響力，但它其實並不是唯一的罪魁禍首。現在是進入職場和所有企業的艱難時期，想要快速適應不斷改變的工作環境更是難上加難。社會或文化中所定義的「成功」——如果找到好工作且努力工作，就能買得起房子、償還貸款、退休時還能有些閒錢可以花，正在瓦解。二〇一八年後期的經濟大崩盤，加上全球傳染病的肆虐，以及環境危機的預警，我們的未來比起以往似乎有更多的不確定性。我們也正面臨大規模的失業潮，許多人開始歷經人生第一遭居家上班的經驗，這當中衍生出令人困惑的兩派悖論（覺得在家工作很自由和想念辦公室同事情誼的人），又或者兩種論點並存。在我下筆撰寫本文時，英國過去三個月的失業人數比之前增加了二十四萬三千人，是從二〇〇八年五月以來的最大增幅，這還不包括因應政府休假計畫中的二百五十萬人，這些人正面臨前所未有的困境與日漸升高的茫然[1]。

　　如今的職場世界已是今非昔比，使我們只能緊抓住期待在後頭嘶吼、跳腳。更糟糕的是身為「現代年輕人」的我們

還被貼上許多標籤，像是：嬌貴易碎、懶散、怠惰、工作狂、動不動就高喊權利、自私、很詐！我們被夾在自我期盼和現實之間，在別人的觀感下求生存。

這一代被批評成愛爭權益、懶得工作，還被形容為玻璃心，已經不是什麼新話題（我一邊打字，一邊委屈地流下不被了解的眼淚）。《澳洲人報》（*The Australian*）在二〇一六年的一篇專欄中狠酸「年輕人」，批評我們如果不把錢花在買加了菲達起士的酪梨吐司和五穀雜糧吐司上，就絕對買得起房子[2]。先告訴大家，我很幸運地擁有一間房子，原因當然不是我極力克制自己的麵包裡不能有五種穀類，更不是我堅決不把錢花在喝咖啡上，而是因為我算是個例外（細節容我之後再揭曉），所以我的個人狀況無法代表一般年輕人。總之，暗示這一代年輕人之所以買不起房子，都是因為太常把錢花在吃早午餐上，未免把問題看得太膚淺可笑，也造成極大的傷害。首先，現在的房價和我們父母那一代比起來簡直高不可攀，BBC 就計算出一個人得省下買兩萬四千四百九十九份酪梨吐司的錢才付得出頭期款，相當於整整六十四年每天都吃一個酪梨吐司的錢[3]。我必須充滿罪惡感地承認自己超愛吃酪梨吐司，但是也沒辦法天天吃（更何況七十年裡天

天都吃得到新鮮熟成酪梨的機會應該很渺茫）。認為年輕人財務狀況不夠穩定，是因為太懈怠或缺乏責任感的說法不但高傲無知，而且還大錯特錯。這是標準的「我那個年代……」思維，尤其令人痛恨的，是實際上說這些毫無根據言論的人，往往就是倚賴政治利益，造成薪資與生活開銷差距越來越大的人。

凡事都有一體兩面，我們這一代也被稱為「過勞的一代」。安妮・海倫・彼得森（Anne Helen Petersen）在〈千禧世代為何成為過勞的一代〉（*How Millennials Became the Burnout Generation*）這篇文章中，描述了一個幾乎讓每個人都能產生共鳴的現象：由於應該一直工作的想法已經根深蒂固，所以即使是面對最單調的工作時也有種麻痺感[4]。我猜那些大肆宣稱年輕一代是玻璃心的人應該會大喊：「他們當然喜歡這種說法！」還有什麼比對一群又懶又只會爭取個人權益的人說他們其實不是懶惰更能得到共鳴？（喜歡被指控懶惰的懶人應該少之又少吧。）或許是料到自己的文章會得到如此的反應，彼得森特別說明這篇文章的目的不是為特定人士開脫責任，而是旨在分析、理解、建立一個共同的認知，意識到我們的工作態度為什麼會是如此。這篇文章對我們到底如

何走到這步田地提出了充分的研究與誠實的探討，因此我真心認為這是一篇非常精確的見解。文中談論到我們不是不想努力去爭取，而是做不到，因為無論是得到別人認可、負擔得起房價，還是付清學貸，這些都只是冰山一角。這篇文章深入探討我們為何將自己必須一直工作的想法奉為圭臬，即使大膽做出休假的決定，卻還是時時惦記著工作。

> **過勞（Burnout）[5]**
> 根據世界衛生組織的定義，過勞是經由「長期工作壓力未獲得適當處理」所導致的症狀。

就在彼得森發表文章後的第二十一天，艾琳・格里菲斯（Erin Griffith）為《紐約時報》（*New York Times*）撰寫了一篇相關報導，質疑年輕人為什麼「假裝自己熱愛工作」[6]。身為千禧世代，格里菲斯挖掘出周遭同齡人士表現出的「績效工作狂」現象。她認為我們對績效已走火入魔到與所謂的尋找生活意義交纏在一起，根據她的觀察，「效率觀念在舊金山幾乎深入到了精神層面」。或許不是我們不夠努力；那麼，有可能是努力過頭了嗎？

　　格里菲斯得出的結論是，假裝熱愛我們一直在做的事是有道理的。這有可能是一種宣洩的防禦機制嗎？當我其實心感滿足地小小宣洩工作有多「瘋狂」時，或許正表達出「勤奮魅力」（Toil Glamour）對我們這一代的影響。我也了解彼得森所指身處充斥著「奮鬥狂」的時代，我們多需要像陀螺般二十四小時轉個不停，才能為自己掙得一席之地。

　　因此在逐漸意識到自己根本不知道我究竟是懶惰、筋疲力盡、有能力、迷惘、工作努力、幾乎沒在工作，或是以上狀況都有後，我發現其實每個人都一樣。當自我認知開始被社群媒體的期望所扭曲，並反射出變形的自我形象時，我們陷入的不僅是自我認同的危機，也是整個世代的身分危機。這個世代被比較、投射、裝模作樣、奮鬥、刻板印象、困惑、自我與他人的嚴格檢視所綁架。

奮鬥狂（Hustle Porn）

這是我有幸在拍攝尼蘭‧維諾德（Niran Vinod）和達莫拉‧提麥亞（Damola Timeyin）的新書《如何打造》（*How to Build It*）推廣宣傳影片時，在小組中第一次聽到的新名詞。

　　根據這些相互矛盾的解釋，我們或許兩者兼具：既是過勞的世代，也是懶惰且玻璃心的世代。但是彼得森在文章最後大聲疾呼「我們都筋疲力竭，但我們並不懶惰」[7]。雖然這個爭論應該會持續延燒下去，但或許彼得森的這句話可以改成「我們或許懶惰，那是因為我們已經筋疲力盡」或者「我們有這個資格，因為我們有權利拒絕接受和財務崩盤、工作短缺、全球暖化以及房貸壓力等相關的期待」。有些人可能認為我根本不屬於千禧世代所討論的一群，因為一九九七年出生的我介於兩個世代之間，若按照定義來看應該屬於 Z 世代，而且還是有房階級，但我依然能感受到奮鬥文化（Hustle Culture）與被情勢所逼的過勞所導致的痛苦。事實上我非千禧世代卻贊同彼得森的論點，絲毫不減其力道。相反地，這正顯示出這些問題的跨世代意義——說不定我們探討的不只是單一的過勞世代，而是前所未有的職場環境所創造出的全新過勞文化。

　　過往的職場文化以賺錢為目的，但是這種想法已不復存在。概括來說，我們不再認為有必要為了深入理解某個領域或升職，而在同一個企業工作長達十五年來表示敬意，並用以換取根本不保證拿得到的退休金。我們寧願試試自己的運

氣，把賭注放在斜槓的副業上。我們拒絕受到框架限制，卻因為跨越傳統高牆而缺乏界線。這一個世代在沒有明顯「工作」和「不工作」的界線之間成長。科技讓我們無時無刻都能工作，但這也慢慢生成一種焦慮感，彷彿不隨時隨地工作，就會像是明明待在辦公室裡卻在偷懶一樣。我們陷入了選擇的難題：我們有能力將自己的愛好變現，但如果賺不到錢又覺得不滿與懊悔。

艾力克斯・科林森（Alex Collinson）在二〇一九年的一篇文章〈披著糖衣的兼差毒藥〉（*The Toxic Fantasy of the Side Hustle*）中問到：我們從何時開始將「第二份工作」變成了「斜槓」？這篇文章其實是亨利商學院（Henley Business School）在二〇一八年進行關於斜槓經濟的一系列線上研究之一 [8]。斜槓被稱為「披著糖衣的毒藥」，我個人覺得再切合不過。鼓吹斜槓不見得就是誤導，但是人們常常美化了斜槓。斜槓的迷幻魅力來自於認為每個人都有賺錢的潛力，只是受限於時間和選擇怎麼做。珍妮・奧德爾（Jenny Odell）在《如何無所事事：一種對注意力經濟的抵抗》（*How to Do Nothing: Resisting the Attention Economy*）這本書完美詮釋了這種想法，「每一天的每一刻，都可以用來成為有效使用並妥善安排的

財務資源」[9]。若有了這樣的想法，那麼把時間花在「工作以外」的機會成本，就會突然變得誇張的高！

> **機會成本（Opportunity Cost）[10]**
> 根據不選擇最佳方案所放棄的利益來衡量一項行動的經濟成本。

想放鬆？那怎麼行，這些時間可以用來賺錢！

遛狗？可得想辦法讓別人付你錢！

捐衣服給慈善機構？應該拿到拍賣網站上賣才對！

講電話？不如把時間花在研究股票和基金賺錢！

如果我說斜槓不對就未免太虛偽，因為我就是靠斜槓開始發展事業，也靠它帶來豐厚的報酬。斜槓沒有錯！但是當斜槓成為一種具有影響力的文化時，有許多重大的問題必須探討，因為這個閃閃發亮的夢想把你沒在賺錢的每一秒鐘都化為焦慮，對精神造成嚴重的耗損。

在全球疫情的當下，我們比以往更加焦慮恐慌。居家辦公的孤立導致羞愧感猶如病毒般擴散，並把我們的自我價值與能力直接連結起來，我們不僅需要適應新的工作模式，還

必須成為某種生產力機器，這樣當一切都過去之後，不但戰勝了病毒，還更勝其他同儕十年以上的努力，甚至學會了三種語言，喔，還有成為國家英雄。（你覺得在以傳染疾病為主題的電影裡，主要的故事線會是女主角蘇珊最後在疫情下開啟了她的新事業？還是她為了逃過致命病毒從頭到尾都躲在家裡不出門？）現在只要一上網，就幾乎避不開告訴我們每個小時應該拿來做什麼事的轟炸，而且還斷言這段時間是史無前例的機會，能讓我們重新調整並將最瘋狂的夢想付諸行動。他們說這不是一段被詛咒的時間，而是一個機會，如果不好好把握，就是你自己「選擇」了不成功。

接下來，我想介紹「團隊效率」（Team Productivity）與「團隊自我照顧」（Team Self-Care）這兩個在現實世界中相互影響的概念。在奮鬥文化的另一面，人們會告訴你這段期間不妨慢下來、放輕鬆、試著暫停一下，他們說外面的世界會等著你，所以應該趁這個機會好好休息。他們說這是一個特權，你應該試著擁抱難得的自由。所以……你照做了，按下人生的暫停鍵，即使你今天唯一像樣的成就是看完一整季的 Netflix 影集，你甚至還不是很喜歡，因為你自己手邊該煩惱的事比影集主角的還要戲劇化。

　　請容我解釋一下本人的狀況。

　　在疫情大爆發之前的二〇一九年八月，我就已經開始居家辦公，我原本以為這會是一種理想的生活方式，但實際上和我想的完全不一樣。我發現自己被困在屋子裡，無法離開，花了最多時間工作，但效率卻最低。居家和工作這兩個極端之間似乎沒有一個平衡點，就好像我不斷從天秤的一端傾斜到另一端，還好幾次幾近翻覆。我還是不懂，在家工作不是一種奢侈的享受嗎？！可以穿著睡衣開會，有一隻可愛的狗當工作夥伴，還有超多的零食可以隨時享用。儘管有這麼多好處，我卻發現自己掉入一個缺乏創意和精神狀況不佳的循環裡，覺得自己的生活圍著一堆毫無意義的瑣事團團轉。我很快就意識到想要取得平衡根本就是錯誤的想法，反而把自己搞得灰頭土臉，不但一連工作好幾天都沒踏出家門一步，也不能好好吃頓午餐，甚至沒什麼工作進度，原本一個小時就可以完成的事，散漫地拖到提早吃個午餐，然後就再也回不去。我什麼事都做了，就是沒進度。

　　所有的這一切讓我不由得產生自我懷疑，會不會自己只是懶惰，或是根本沒掌握到工作訣竅。明明這麼辛勤地工作，花了好多時間，卻感覺什麼都沒做好，好痛苦啊！為什麼自

認為努力地勤奮工作，到頭來卻毫無效率？

　　我意識到要麼不是我在二十二歲的「熟」齡之際即已回天乏術地耗盡工作力，要麼就是我應該退後一步思考自己對所謂「努力工作」的定義，而不是把重點放在「我」怎麼工作。我開始專注在那些讓我感覺良好、能幫助我努力工作、讓我得到回報的事情上。幾個月後，我變得更了解自己。我發現哪些事能讓自己保持動力、哪些事能激勵自己，還有失去意志力時能促使自己繼續下去的力量，同時為自己制定一個可以持續並有效率的日常例行計畫。這段日子就像為我上了一堂速成課，我了解到即使有些時候不能或不想激勵自己，並不代表我就是一個懶惰的人。我只是一個不想把工作和家庭生活分開的平凡人，我也不明白只因為自己已經在家或離床鋪比較近，就應該取消晚上的約會計畫，還認為這麼做完全合乎邏輯而且不算反社會人格，就算待在家裡讓你感覺更糟。我從在家工作的奮戰中更認識了自己，更知道自己的界線與缺點，也因此改變了生活和工作效率。不但工作上的質和量都變得更好，工作以外的時間也是如此。

　　新冠肺炎病毒在二〇二〇年三月開始肆虐全球，許多人也跟著經歷首次的居家工作潮。我在 Instagram 分享了一篇在

家工作的實用小點子，建議吃完午餐無法專心的人，可以在休息時間觀看 TED 演講來增加專注力。對我來說，這可以讓我放下工作好好休息，又不會陷入一段影片接著一段影片看的 YouTube 黑洞，最後變成兩眼緊盯著教人把廢棄物回收改造成捲筒衛生紙架的影片，然後害我沒接到預計三點打來的一通電話。由於工作環境的改變，我的實用小點子在需要幫助的人裡頗受好評，卻也收到許多「這是一場大流行傳染病，不是效率競賽營」之類的批評。我當然真心感受到雙方背後的情緒，我想要在屋頂大喊就是這樣沒錯，也想要大罵「你絕對可以透過＿＿＿＿和防疫禁令共處，因為你不缺的就是時間，只是缺乏紀律」這種荒謬的說法。但同樣地，我有時候也需要為自己的心理健康著想，畢竟那才是幫助我度過那段黑暗日子並讓我保持頭腦清醒的解方。

　　我提供的點子純屬個人意見，目的是為那些需要的人提供方法，也希望有不一樣想法的人能略過就好，結果卻演變成效率對上自我照顧的兩方爭戰，一發不可收拾。這場爭戰能找到一個平衡點嗎？我們能在這當中找到一個中間立場，然後適時地激進或退後一步嗎？問題不應該是「你比較在乎工作與成功，還是更在乎身心健康與社交生活」，因為無論

是工作的或是自我的成就感，你都得顧及。我指的不是「擁有一切」（Having It All），那是八〇年代女性主義的女權主張，而是覺察自己要的是什麼，想要什麼時候達成，同時學著利用效率和自我照顧的優點來善待自己，讓自己更像個思緒複雜多元的人類，而不是機器。我們當然也可以藉此深入思考自己是誰，想要什麼，想要成就些什麼，然後從中破繭而出。以客觀的角度來看，顯然任何一方都不可能完全獲勝。一樣米養百樣人，所有的人都不一樣。重要的是找到適用於你個人的方式，找到對你有用的建議。

除了學到永遠不要在沒有免責聲明的情況下在社群媒體上發文，我還發現有相同處境的人不只我一個。就像似乎不處於這一片喧囂之中的我其實私底下也在默默掙扎，有些人也在他人不了解之下面臨類似的困境。一旦意識到這一點，我就像打開了觸角，開始在各處看到這些人。瀏覽自己的網站後，我注意到同時有人給我完全相反的意見：放輕鬆，因為自我照顧很重要；也有人給我拇指向下的貼圖，要我努力工作，死了要睡多久就可以躺多久！好極了。結論是我們不是在夾縫中求生存，而是被卡在如同電影《127 小時》（127 Hours）中的懸崖間，進退兩難（幸好還不至於需要斷臂求

生）。我們迫切需要的是去探查這個世代的矛盾究竟有著什麼樣的涵義，又該如何重新建構自我照顧與工作效率。

　　我們都被困在這場持續不斷的鬥爭中，但我們其實可以藉由了解自己的優勢、界線、渴望和失敗，來釋放自己的潛能（無論朝向哪個方向）。想要全盤理解這個複雜的爭論，似乎只能透過審視自我找出效率對自己的意義、明白自己的目標（如果有的話）、知道最能讓自己感到完滿的事（即使只是平順過完這個週末和付清帳單），歸根究底來說，就是真正地了解自己，知道什麼時候該奮發圖強，什麼時候該闔上電腦休息一下。我們是唯一能解決自己問題的人，這也是為什麼「擁有一切」的想法完全搞錯重點。

　　實際上，效率和成功助長了想要致力平衡的想法。然而平衡的想法本身經常帶著嘲諷，它搖擺不定，還帶著挑釁意味揚起眉，戴著口罩坐在「善待自己」俱樂部裡，卻不去完成已經起了頭的事。擁有工作效率，代表你知道什麼時候該激勵自己再繼續努力一點，什麼時候該休養生息，為下一次的出發做準備。我希望你能從這本書中勾勒出專屬於你的「效率藍圖」，以適應這個陌生的職場世界，在這個世界裡，效率和自我照顧合為一體，而不是強迫每個人必須二選一。因

為有時候效率可能是某種形式的自我照顧，有時候自我照顧卻是當下能做的最有成效的事。

這也是為什麼我們會在這裡討論工作與效率，以及如何讓兩者更具意義的議題。我猜你翻開這本書應該也是為了這個目的，不管你之前是不是已經知道我這個人。這本書充滿了我對工作的熱情，也包含了一段我可能沒有時間和精力在網路上大談闊論的職場痛苦大揭密，因為我必須深掘自己的恐懼與慾望，並希望能與這個詭異又美妙的世代產生共鳴。這是我的平台、我的想法，也是我的真實面。這是我對人生目的、效率、熱情、自我價值、成功、社群媒體、享樂、成就感以及生命的看法。

這不是一本回憶錄，我希望它的價值不是網紅或企業家格蕾絲所寫的書。我希望你在閱讀時會有直入心坎裡的感覺，因為真正的重點不是我，是你和自己的對話，是關於「你」真正想要的：你的憂懼、你的夢想、你的幸福。那是你能從這本書裡得到的最大收獲，即使你強烈地否定我說的某一些話（或每一句話）。

沒有人知道所有的答案，沒有人！沒有一個人能同時符合你的、他們的或任何人的完美標準。脾氣暴躁、態度不太

好、有點脆弱⋯⋯我們都有缺陷，因為我們是人，而期望是我們最要不得的缺點。所以，請不要誤以為我對這一切已經了解透澈。只要我們越早跳脫比較心理的思維，就越能夠給自己和其他人機會，同時也能夠在真心渴望的領域中努力自我提升。請先在腦海中理出一處客觀的空間，讓這些對話產生意義，這樣才可以拋開唯有自己是個失敗者的想法，持平地分析你的行為與感受。

　　我做了一個稍微激進的決定（其實一點也不該算激進），我決定這本書不單只是為女性而寫。一開始我的確抱持那樣的想法，因為所有由女性撰寫的商業書籍似乎都以女性讀者為對象（也確實是一大賣點），但是女性書寫關於工作、商業或任何方面的著作，都不應該只想把作品賣給同是女性的讀者。當我談論職場環境時，我談的是整個職場環境，而不是只有女性或男性存在的平行時空。我希望在這個時代，當男性接受女性的建議或閱讀想法時，不會覺得有失男子氣概。我相信我們已經不是活在從前的那個時代，那些把自己排除在這個議題之外的人，將失去一次非常重要的自我對話。身為一名女性，我的意旨是為新世代與想要了解新世代的人而寫。

　　本書的第一部分：**努力工作**，將聚焦在職場世界。我把工作視為一段旅程，在這段旅程中，通往我們自己和社會認定的成功，不是只有單一的軌道。我們將在章節裡討論你的旅程（人生目的和熱情）、如何讓你的旅程成行（效率和時間管理）、享受這段旅程（心流和創造力）並沿途創立成功的標記（定義成功的意義）。我也將摒除一般世俗認定的應該怎麼做、為什麼、什麼時候進行，甚至如何達到某種「正確生活」的成見，試著呈現出現今職場世界的整體樣貌，以及這對每一個人所代表的意義。

　　本書的第二部分：**輕鬆工作**，跟第一個部分同等重要，即使這在新職場世界的「效率藍圖」中看起來可能有點奇怪。效率和自我照顧就像是一體的兩面，少了其中一個，另一個也就不存在。我會在這些章節中重新詮釋生產力的定義，把不在辦公室內所做的工作行為也包括在內，並將之視為能在工作與生活上激發成就感和個人成功的一種工具。假若你想更進一步確認這件事為何如此重要，或者你只想先閱讀第一部分，請在閱讀完這篇前言之後，直接跳到第五章，那是將整個概念融合在一起的關鍵。在本部分的其他章節裡，我們將要談談「擁有一切」（在工作、玩樂、拒絕期望、創造實

際且真實的成功中取得平衡）以及無所事事的藝術。我希望
這本書能夠幫助你在一個崇尚優點並將缺點商品化的世界裡，
善用你的優點，也接受自己的缺點。

　　若是以我的方式，我會建議按照章節順序來閱讀，標記
引起你省思或某種感覺的段落，以便之後再回頭細讀。我知
道不該在書頁上做註記（在此對圖書館致上歉意），但是如
果書頁上到處都是我的標註，那你一定知道這本書是我最喜
歡的。因為書中的某一句話或是某個章節在我的心中激起了
火花，只要我願意，隨時都可以重溫這種感覺，無論是想受
到啟發、解除疑惑、激發動力，還是感受內心的平靜。我從
來不曾連續兩天擁有同樣的感受，但是工作的現實面就是如
此，有時候你需要激勵自己做點什麼，有時候你則需要說服
自己放鬆就是最有效率的事。我希望你將這本書當成筆記本
來用，摺頁、寫筆記、把它變成你的，這才是重點。

　　那麼，就讓我們開始吧！

PART 1

努力工作

第一章

找出人生目的

　　大家都說我們是由目的（Purpose）所驅動的世代。平心而論，這是一件很棒的事。「目的導向領導力」這幾個字在我的 LinkedIn 履歷上熠熠生輝，慶祝著我最近剛完成的線上商學院課程。我的事業圍繞著他人的「人生目的」打轉，我甚至以此感到驕傲。我們是勤勤懇懇的世代。我們在意物質更勝於典範，在乎意義更勝於方法。或者，至少我們盡可能嘗試這麼做。

　　不過，我認為我們看待人生目的的眼光已然失焦，又或許是既定的觀念把我推往錯誤的方向。撇開這些不談，「目的」這兩個字其實有兩個意思，如果你查閱一下，會發現目的可以是「完成某件事情的原因」（例如：目的導向），或是「一個人的意志或決心」[11]。也就是說，「目的」可以簡單分成兩種概念，一種是指標性的，另一種則是過程性的。沒錯，就是這樣。

　　那麼為什麼每次有人告訴我應該找一份自己喜歡的工作，這樣就不會覺得是在工作時，我的眼睛總是不由自主地自動睜大，白眼都快翻到後腦勺去？我花了幾秒鐘思考關於「目的」的偉大意義，但不知道基於什麼原因，腦袋裡出現的不是醫生或人道主義工作者，反而是年輕網紅光彩亮麗、令人生羨、朝著人生目的往前衝的生活方式。他們的職業可能是人生教練或股市交易員，絕對是在風光明媚的海灘或至少離海平面二十層樓高的游泳池旁，他們的身邊要麼看不到筆電，要麼就是在靠近水邊看起來有點危險的地方出現時髦的科技產品。這些人從事什麼工作都無所謂，我相信他們的能力非常不錯，也替其他想要步上類似生活的人獻上美好願景，有問題的是那些影音的標題文字，它告訴我和所有其他人，他們很高興脫離了「普通」工作的框架，過著無比奢華滿足的生活，這讓我只能用大拇指朝下的手勢來表達不滿。

　　將人生目的放在努力工作以享受好生活的迷思，是一種錯誤的誘導。我不認為這個世代比以往更容易「出賣」自己的人生，只不過我們付出的代價會更高。「實現夢想生活」是網路盛行的行銷手法，而這種炫耀達成人生目的的方式正是問題所在。如果網路早在三十年前就已經出現，裡頭應該

會滿溢著詩情畫意和讓人心情愉悅的貼文，告訴大家「人生的目的就是有目的的人生」。多麼可愛的調調！但是現在我們將人生目的和工作混為一談，完全顛覆了原本工作→賺錢→人生目的的順序，反而把人生目的當成展開了職業生涯的第一步，提倡必須先擁有目的，而不是構築夢想。就在千禧世代被認定為「目的導向世代」之後，Imperative 線上平台透過 LinkedIn 展開一項調查，詢問參與者對金錢、目的、地位哪個重要的看法，作為研究職業屬性的參考依據 [12]。結果可能有點令人意外，因為數據顯示年齡越大的參與者，似乎更具目的導向，其中嬰兒潮世代占 48%、千禧世代 30%、Z 世代 38%。對我而言，這只是簡單的邏輯概念，先滿足基本「需要」，然後建立職涯基礎之後，才逐步追求「想要」的慾望。但奇怪的是，一堆人都將金錢、目的和地位混為一談。現在，我們對人生目的的概念，已經從傾向做有意義和充滿熱情的工作，演變成必須是超級充實和超級賺錢的工作。

這種將人生目的當作渴望成功的必需品的商業行銷手法，已經取代了在工作中自然想要尋求意義與樂趣的渴望。伴隨而來的還有「如果一個人的生活在經濟、道德行為、情緒上不符合這種優越的生活方式，那肯定是全做錯了」的焦

慮感。這正是羅斯‧哈里斯博士（Russ Harris）在《快樂是一種陷阱》（*The Happiness Trap*）中所描述的現代職場縮影。哈里斯博士指出，快樂在社群媒體中被包裝成唾手可得、永恆不變，而且永遠都在一種巔峰狀態，卻沒人點出一個很重要的部分：快樂是藉由經歷不同情緒和情感所得到的感受 [13]。我們似乎掉入一個預謀的陷阱裡，那些設陷阱的人想讓我們認為自己應該無時無刻都擁有快樂，永遠在工作上得到成就感，而我們也樂於踏進這個陷阱，因為人們早已經昏醉在人生目的的聖杯（指極難找到或得到的事物）之中。這樣的想法不僅表現在我們隨心所欲的生活方式裡，也深植在將「人生目的」形容為工作最終目標的整個討論議題中。假使將此與奮鬥文化相呼應，合乎邏輯的結論就會是如果你的人生目的就是你的目標（Goal），而這個人生目的要透過你的職業來達成，那麼工作這件事就成了永無止盡的深淵。

人生目的的真實面向遠比我們還是青少年時所訂立的目標還要複雜，它不會是我們一開始就立定的工作志向並從此堅定不移。畢竟，我們哪知道十四歲時在會考裡所選擇的專長科目，就是我們此生的目的（我當時決定要成為律師或政治家，若是成了真，不知道之前上傳到網路上的比基尼照片

和有點不恰當的梗圖會造成什麼樣的後果）。試問從學校畢業進入就業市場，且才剛學習職場遊戲規則的菜鳥們，又如何能對自己的人生目的有充分的理解？答案很簡單，我們不能，也做不到。

我想要鼓勵大家轉變一下觀點，從認為人生只能有「賺到夠多的錢並取得朝思暮想的成功」這個單一目標，到讓人生充滿各種不同的熱情所好，並容許自己在過程中改變與發展不同的可能。即使你真心相信自己的人生目的和工作緊密結合，但人生中總有其他事是你很享受並想要繼續深究的。這種生活的多樣性會讓我們更輕易明白何時該埋頭努力工作，何時該放鬆一下，何時又該重新評估自己的方向。我們從中學會慶祝小小的勝利，最終從每一天的日常中得到更大的滿足與成就感。現代世界在我們身上加諸了許多沒得商量的人生目的（為工作而生），我們當然可以用其他各種熱情來填補剩下的空白，而不是為了無法擁有的一切感到自卑。

在人生中指定一個目的，然後期待它能解決所有的問題，就好比無論什麼事，例如出遊、宅在家、傷心、開心、工作問題、家庭難題等等，就只有唯一的一個朋友陪伴或伸出援手。有些人可能真的很幸運能擁有這麼一個萬能的朋友，但

大多數人會有不同的朋友，並在不同的狀況下仰賴不同的人。這些朋友也會跟著我們一起成長與發展，我們可能在過程中失去某些朋友或認識其他朋友，這就是人生。同樣地，生活有許多不同的面向，不管是工作上和工作之外都需要感受到被照顧和關心，來讓自己感到滿足。因為說到底，成就感和持續的滿足感才是我們所有人的目標，無論對你而言那代表的是什麼。

　　你或許對為什麼會直接跳到人生的重大問題感到疑惑，但顯然這就是我們想要探討的事。攀附著奮鬥文化大張旗鼓的資本主義已經在我們的大腦裡置入單一人生目的的迷思，改變了我們對工作的認知，驅使我們壓榨自己，把重心放在達成目標，而忽略了應該採取健康的工作方式。以長遠來看，這是不切實際且對身心有害的工作狀態，尤其是我們被期待在全新的職場迷宮裡站穩腳步，但退休的里程碑又不停變動。不管你對資本主義抱持什麼看法，都必須了解它在我們所處環境中所扮演的角色，因為它影響著我們做的每一件事：我們對成功的看法；讓我們感到滿足的事物；我們是否認為某件事是被認可的，或只能當成一種嗜好。

　　將人生目的帶入生活的用意，在於我們可以適時調整，

讓這個目的順應而不是支配我們的生活。我喜歡把人生目的看成有很多不同的層次，也隨時都會有細微的變化。某一天可能是創造驚喜或做出良善之舉，另一天可能是打起精神不要在會議中打瞌睡。每一天都有不同的日子要過，人生中也有各種不同的階段，有時候面對討厭的事必須咬著牙撐過去，才得以繼續往前跨出下一步。這麼做才能自由開創自己喜愛的生活，無論是斜槓或傳統的朝九晚五。正因為我的人生目的是「沒有單一目的」，所以我能夠先努力達成小目標和暫時性的目標，察覺何時需要在不怎麼熱衷的事情上加把勁，以提升自己的工作能量。

斜槓（Multi-hyphenate） [14]

艾瑪・甘儂（Emma Gannon）在《不上班賺更多：複合式職涯創造自主人生，生活不將就、工時變自由》（*The Multi-Hyphen Method*）中提到，斜槓源自於八〇年代的「複合式職涯」，這種工作型態同時擁有多元技能的各種工作（如同甘儂本人即為廣播員／新聞記者／作家／主持人／講師）。

　　我想說的是，我們必須將討論議題從目標導向的人生目的，轉移到**自我實現**（Self-actualisation）。

　　我第一次看到「自我實現」這個詞，是在菲比・洛瓦特（Phoebe Lovatt）的著作《職業婦女手冊》（*The Working Woman's Handbook*）中，她訪問《青少年時尚》（*Teen Vogue*）前編輯伊蓮・維特羅斯（Elaine Welteroth）的章節裡（這是一本充滿實用建議的絕妙好書，我強烈推薦）。「我們都有自我實現的義務。」維特羅斯說：「這是你在這個星球的唯一目標，如果你覺得自己是基於某種意義生存在這裡，那麼你就一定要遵循這個目標。」[15]

　　我一開始不是很理解維特羅斯所說的意思，還覺得她把話說反了！因為一看到「唯一目標」的我，立刻下意識認定「又是一個吹捧盡早立定人生目的之士」。儘管她在句子中使用了「如果」二字，但還是讓我以為她在描述一個人們必須終其一生追求人生至高的終極目標（好像毫無意外一定可以做到似的）。所以當我進一步閱讀心理學書籍而不是《青少年時尚》時，就決定要深入研究這個概念。

　　「自我實現」來自社會心理學家亞伯拉罕・馬斯洛（Abraham Maslow）的「需求層次理論」（Hierarchy of Needs），

這個如今非常著名的金字塔理論，有可能是馬斯洛從觀察勤奮的美洲黑腳印第安人所發展而來，他們的傳統給予觀念實踐了經由自我實現形成社區實現的基礎[16]。需求層次理論把重心從社區轉移到個人，將自我實現置於需求金字塔的最頂端，代表達成完全的滿足。不過，馬斯洛也說幾乎很少人達到這個頂端，即使其他的所有需求：食物、水、身心安全、親密關係、成就感與被尊重都得到滿足，也不一定能夠實現。若在這樣的概念下，我便贊同維特羅斯的觀點，意即自我實現是一種對成就的持續追求，是我們應該為之努力的事情，無論是否能夠實現。然而隨著目的從金字塔的頂端變成底層，也突然讓人壓力倍增，因為我們的工作需要無時無刻同時滿足這麼多的需求。所以當我逐漸了解更多自我實現的發展，並應用在職場生活之後，關於人生目的這個問題開始浮現出一些有趣的解答。

辭典上對「自我實現」的簡要解釋是「了解或實現個人的才能與潛能，特別是被認為是每個人都擁有的動力或需求」[17]。

我通常不習慣借用其他心理學家的理論，但依我的看法，如果以現代的時空背景來解釋，自我實現的行動就是在工作

與生活裡追求各式各樣的熱情。正因為我們已經將實現人生目的這個終極目標下調為基本需求，所以我們需要開始思考如何讓「行動」而不是「擁有的東西」成為有用的工具。如果你能在工作中努力做到自我實現，就能持續在日常中不斷實現與理解這個概念，而不是只將目光放在一個終極的「成就」，然後在尚未做到之前感到不如人。從這個意義上來看，自我實現是由熱情所在的事物得到滿足所累積而成──可以小到和我們所愛的人聊天，或是大到在時裝設計界開創一番成績。

　　所以，當維特羅斯說「讓你感到沮喪的磨練並不是一種榮耀」[18] 時，她的意思不是因為我們熱愛這份工作，所以在達到終極高峰前所受的磨難都應該覺得理所當然，不應該覺得是在工作，而是我們有責任在工作中投入所好，然後追尋更大的熱情所在。對我來說，維特羅斯的這番話點出了從日常工作和生活中找到目的與熱情的重要性。所以我們應該盡一切所能去追求，同時明白工作不一定會為我們帶來立即的快樂，因為工作就是這樣。

　　我越深入思考，就越認清自我實現是讓工作和生活融合在一起的漸進方式，遠比任何傳統思維的人生目的更具意義

與層次。「工作」是一個動詞，我們卻把它當成一個目標，而不是一個「我們所做的事情」，所以為了享受工作，我們不得不在過程中嵌入快樂。我想，除非重新定義整個概念，才有辦法讓人生目的更容易為大眾理解。你終其一生的目的不該只是做喜歡的工作，然後期待這個工作會為你帶來快樂和成功（還有房租），而是無論這份工作是否就是你的熱情所在，都能用實際的方式在其中找到樂趣與熱誠。我的意思不是要你勉為其難去做討厭的工作，而是理解唯有你自己能為這份工作添加一點樂趣，或者製造一些熱情的火花，來讓這份工作值得繼續下去。自我實現的美妙之處，就在它能讓我們清楚知道如何把工作變成一種助力，在過程中找到樂趣，同時明白工作不是你每天起床的原因。自我實現讓我們能和現今的職場世界維持健康的關係，賦予我們未被誤導的希望。

　　在人生目的上掙扎猶豫，是我們需要面對的一個獨特權利。目的導向工作的想法其實是一種白領中產階級的觀念。現在，我們的文化對「自由工作者」的工作方式已經改觀，也不再推崇或那麼敬重傳統辛勤的工作方式。基於這一點，我發現討論很重要，因為對多數人來說，即使他們實現了馬斯洛的金字塔頂端，但一切似乎還是非常不穩定。與五十年

前相比，如今的工作與生活選擇超乎想像的多，從前不曾存在的工作模式、企業與工作職稱似乎每天都在不停地湧現。我們不斷受到新資訊產業的衝擊（我個人特別喜歡艾瑪・甘儂列出的怪奇工作[19]），因而感到困惑與不知所措，但又有人說我們應該為有了這些新選擇而覺得占上風。難怪我們在嘗試確定自己的人生目的時會如此茫然，更糟的是如果機會明明無窮無盡，我們卻還是做不到，反而讓人格外羞愧啊！

其中最令人百思不得其解的，是我們比以往擁有更多的選擇，但是對何謂工作成就感的看法卻越來越狹隘。既想要用工作來付帳單，又希望能保有和朋友玩在一起的時間及精力，這有什麼錯？為什麼我們要將某種道德優越感強加在追尋人生唯一的熱情上，而不去面對事實，接受現實常常不是只有一種面貌與選擇。況且，這也不是許多人真正想要過的人生。想要工作賺錢擁有財富自由，然後過自己想要的生活，是一件極為實際的事情，這種想法比決定追夢成為前衛皮褲設計師的志向要普遍得多。那麼，我們為什麼會認為追求財富自由的志向不夠遠大呢？是因為我們認為這件事不能算是一種人生目的嗎？在這個資本社會裡，我們又有什麼資格羞辱那些不能或者選擇不想將自己的遠大熱情與工作賺錢連結

在一起的人呢？在我看來，比較持平的唯一做法是在每天的
工作中融入一點小熱情，而不是把生活中的複雜所需都投注
在單一的愛好裡。

　　我們因為急於追求完美且目標明確的職業而忘記的許多
東西，其實可以從父母親那一代學習，我們可以學到在工作
中找出熱情，即使這份工作只是為了付帳單。我們可以評估
自己對由社群媒體與科技所助長之立即滿足的上癮程度，是
如何導致我們只做喜歡的事，然後有如躲避瘟疫一樣避開討
厭的事。我們可以從磨練自己的優勢並將其變成能力的紀律
中獲得極大的利益，但我們同時可以（也常常）對認為改變
不好而且容易顯得不定性的舊觀念嗤之以鼻。現在的我們比
從前更有能力接受改變，並堅信換工作通常不是一種半途而
廢，而是更往前邁進。專注於自我實現代表了即使我們改變
旅程的路徑，轉而把時間花在學習和發現上，也絕對不是一
種浪費。

　　你可能會說：「聽起來很好、很不錯，但是我如何將該
死的自我實現融入工作中？」就把它想成是一種不同熱情的
長期累積吧！假使每天都有一些事情讓你覺得衝勁十足，那
麼理論上來說，你就已經找到了自我實現的關鍵。這些事情

可能是短時間的興趣，也可以是跨足整個產業和職業生涯的熱情，若以維特羅斯的語意來說，一旦找到這份熱情所在（無論大小或時間長短），我們就有責任去探索並照料它[20]。我們必須問問自己熱愛什麼、會為什麼心動，或者更明白地說，在今天這個繁雜紛亂的世界中，有什麼會讓自己開心地著迷於其中。

讀到這裡，你可能會對自己好像找不到什麼熱情而感到焦慮（不過，你並不孤單）。身為社會的一分子，聽到「熱情」這兩個字幾乎都會讓我們聯想到一些創意性的事物，像是音樂、藝術、設計、電影、攝影、表演、舞蹈，大概不外乎這些。我們傾向於將創意的熱情視為最「合理」，而常常輕蔑其他類型的熱情。難道解決問題真的不能是某個人的熱情嗎？如果真是這樣，那這個世界會有多無聊啊！

我們需要擴大熱情的涵義與範圍，我會把熱情視為一種興趣或任務，進行這個興趣或任務時會自然而然地進入心流狀態，並帶來滿足的成就感。舉例來說，我「熱愛」構思，心智圖簡直就是我的強項，我喜歡從一個單獨的點子聯想到一個概念，這時候我會把手機放在一旁，專心沉迷於其中。心智圖可以說是我的「微小熱情」（Micro-passion），這是一

種可以適用於任何工作的活動；與此對比的則是「巨大熱情」
（Macro-passion），就像是對於服裝設計或舞蹈領域的興趣。
當我需要研擬行銷策略、設計一個系列、甚至想換一種新的
小組報告方式時，我都會用到心智圖法（我在 IBM 工作時還
發現一種能把它和 Excel 專屬報告結合在一起的方式，這是我
到現在為止最大的成就之一）。你大概已經知道自己的巨大
熱情在什麼地方，不過或許覺得很難察覺那些微小熱情在哪
裡。不妨想想什麼事會讓你忘了時間？或許是和有趣的人交
談、製作繪圖設計、說故事……「這些」都是你的微小熱情。

心流（Flow）

這本書裡會有一整個章節討論這個詞，所以先別太擔
心這到底是什麼意思。我最喜歡的其中一個解釋是這
麼說的：一種人們極為投入在某個活動當中，以至於
其他事情似乎都無關緊要的境界；這種經驗極其美妙，
即使需要付出極大的代價，人們也願意繼續這麼做。

對我來說，當我把熱情這種令人生畏的想法轉換成或短
或長的遊戲之後，一切都變得容易理解許多。就短期而言，

從事你喜愛的事會帶來一種滿足感，即便忙碌工作了一整天也會覺得更有成就感。這些小小的成就感經由長期的累積，會讓我們越來越不需要零星的滿足，而更加在意自我實現。透過日常這些微小熱情和巨大熱情，你也會隨著時間開始展開自我實現的過程。我不認為這個過程會有一個既定的時間表，例如一萬個小時，然而你終究能感覺得到自己越來越接近長期的人生目的。如同我之前所說，無論哪一種工作都無可避免地包含我們厭惡的部分，你不可能因為待在一個自己熱愛的行業就可以不受壓力和壞情緒的影響，我們都很清楚這一點。

一萬小時法則（10,000-hours Rule）[21]

麥爾坎・葛拉威爾（Malcolm Gladwell）在他的著作《異數》（Outliers）中提出了這樣的理論：在任何領域，想要達到世界級專家的水平，一萬個小時的練習是必備條件。

實際上，巨大熱情通常是由許許多多的日常微小熱情組合而成，這也是我們為什麼有這些微小熱情的原因。人們很

少會熱愛一個行業或工作，但卻不愛其中的過程。大家應該都同意醫生是一個很棒的職業，你可能也相信這就是你的天職，但是除非你也喜愛醫生這項工作的實際內容，否則你不可能享受這份工作。就像當初我知道自己得到 IBM 的夢幻職缺（以及酬勞）時心裡充滿了雀躍，但是真實面並不如預期，我一點也不享受在那裡的工作過程，所以最後只能以幻滅收場。如果我繼續待在 IBM，我就不得不扛下大量的額外工作來實現日常的微小熱情，最後也很可能無法繼續下去。請確保每一天都能擁有微小熱情的能量——有些日子甚至能量滿滿，能讓我們在喜愛的事情上走得更長遠，特別是短期內必須做討厭的事時（例如：強制性的工作要求、追發票、繳稅）。

不過，這些都只是紙上談兵罷了！要是所有的方式都沒幫助呢？你又該如何做出更實際、更有意義的自我實現？其實你大概已經做得比自己認為的還要多，因為我們都很擅長做自己喜歡的事，有時候即使整個生活並沒有改變什麼，也在不知不覺中做了很多，這是一種自我滿足的本性。以下是我建議的方法：

步驟一：檢視目前的狀況

- 你把時間用來做什麼喜歡的事情？

- 想到自己不喜歡做的事情時，你的腦中會出現什麼？

- 想想自己開心結束工作的日子，那天發生了什麼事？

- 當你又累又沮喪地下班時，你覺得是什麼造成的？

步驟二：思考目前的選擇

- 有沒有辦法在目前的狀況下，做更多自己喜愛的事？
  可能是：

－增加訓練來提升自身的技能。

－在喜愛的領域承擔更多責任（剛開始這麼做時你的工
  作量可能會增加，所以請仔細思考這是不是你真正想
  要的）。

- 假使你已經做了上述的建議，並發現自己對該領域的
  熱情程度後，仍難以在工作中達到自我實現，那麼可
  能就是改變的時候了。

－請在做出重大的決定之前，先問問自己是否真的需要
  轉換方向。

1. 你是否發現團隊中某個人所擔任的工作，正是你認為自己喜愛的？這個工作和你目前的有什麼不同？

2. 你是否能和上司討論稍微轉換一下工作任務，好為你的日常工作增加更多微小熱情？

－如果以上兩個問題的答案都是否定的，那麼你應該慎重考慮找別的工作。為了幫助你找到更能達成自我實現的工作職位，請你回顧步驟一的答案然後問問自己：有沒有什麼工作能讓你做到更多的自我實現？為了確保做出正確的選擇並避免落入同樣的窠臼，請問問自己：

1. 你當初選擇目前這份工作的原因？

2. 你有哪些需要考慮的因素？（穩定收入、工作地點等等）

或是：

1. 有沒有哪一項工作不會耗盡你的生活能量，但是能讓你有個養家活口的收入，還能在工作之餘追求自我實現？

這些問題需要你在人生過程中不只一次地問自己（特

別是下午五點鐘看著辦公桌上一疊未完成的工作而大聲嘆氣
時），而這些問題的答案會讓一切都值得。人生是一連串的
變動，我們不可能在成長過程中一直都保持快樂的狀態，現
在更是如此，有時候我們會想朝著某個方向前進，但是工作
上卻朝另一個方向發展，我們只能盡可能去面對並協調兩者
之間的平衡。我想清楚說明我的意思不是你不應該抱怨，應
該對你目前擁有的工作感到知足，即使這份工作讓你討厭得
要命；更不是勸你立刻辭了工作，放膽追尋自我實現的生活。
人生極其微妙（你可能已經厭倦了這句話），只有你自己能
決定應該怎麼做。自我實現的優點就在於它的多元化和主觀
性，在這個凡事含糊籠統的世界裡，你的自我實現是屬於你
的獨一無二，它讓你得以透過自己的主觀視角，檢視已然變
得錯綜複雜又令人困惑的職場世界，讓你能夠更有自信的為
了改善人生而做出變動的決定，同時減輕為了滿足工作需求
而必須改變整個人生的焦慮。你可能需要一點時間找出能幫
助你達到自我實現的方式，這個方式當然也會時有變動，但
最重要的是，它會隨著你而改變。讓我們就在此時此刻立下
承諾，承諾自己不再一昧於人生中追求貫徹到底的目標和目
的，因為人是複雜的動物，而且我們的世界也沒有變得比較

簡單。

　　我們的人生不是只有工作。雖然找到自己喜歡的工作領域極其重要，但是自我實現不應該只發生在職場上。了解自己在一天的各個面向中能感到滿足跟快樂的地方，是讓你覺得自己是真正在過生活的基本要件。當你做更多自己喜愛的事情時，無論外在環境如何，你的生活品質也會跟著提升。這道理不必我再多做解釋了吧！我的意思可不是指你在工作上是個點子王，所以應該開始做個簡報替周遭的朋友們出點子，或者你如此熱愛你的工作，就應該整天手機不離身。自然而然的概念不只適用於職場，也適用於職場以外的人生，我們將在下一個章節做更深入的討論。閱讀、看一部好片、和朋友一起說笑、玩樂、聽音樂、做菜，這些可能都是讓你自在生活的事情。那些我們在人生能做到最有意義的事情，像是人道工作、照顧所愛的人，通常都無法以金錢來衡量（雖然我們有時候也希望能換算成金錢）。你可能會把努力工作和自我實現的比例一分為二，或者偏重某一方，但最重要的還是在工作上與工作外都能做到自我實現。這是達到平衡的第一守則，不一定需要兩邊對等，而是讓生活中的每一方面都有一些你熱愛去經歷、去觀察、去體驗的事。

　　自我實現不會讓我們因為持續感到滿足而突然頭頂自帶光環、皮膚如嬰兒粉臀般柔嫩、雙頰像玫瑰般紅潤。假使你是抱著這樣的期待，那我必須鄭重告訴你——永遠不可能！我們畢竟只是人，我們能做的，是學著理解自己、知道自己的工作習性、明白自己的弱點和界線，並將生活建立於這些基礎上。

　　自我實現的核心在於它擴大了我們對成功的視野與認知。就像人生目的一樣，成功的定義從我們出生開始就已經由這個社會來掌控，無論你選擇了哪一條路，甚至開創了一條全新的路，在某個時刻總有某些人或某些事告訴你這條路的盡頭將是什麼模樣，他們會嘗試替你勾勒抵達之後才會知道的最終目標。如果你是一個律師，到時候就會成為事務所的合夥人；如果你是一位女性，你會找到一個伴侶安定下來，還會生下健康有為的小孩（我忍不住想打呵欠了）；如果你進入商界，以後會成為跨國企業的執行長。在這個時間從未停止轉動、生活不斷變動的人生當中，我們卻篤定地將成功視為一個不變的目標。當我們將人生目的的概念轉成重視每一天得到的成就感，而不是急於達到最終的成功這種抽象觀念的時候，也就親手解開了這個社會加諸在我們身上的枷鎖。

這就是我們需要做的改變！

　　只要你能專注在有助於達成自我實現的事情，同時誠實面對自我，那麼建立屬於你自己的成功版本，就掌握在你的手中。難道我們要眼睜睜看著這個世界在過去五十年來發生了那麼多的變化，卻依然認為成功的唯一途徑只有狹隘的那麼幾條路：成為父母、暢銷書作家，或擁有一個千萬數字的投資帳戶？那些事當然可以和自我實現並存，也可以是你的目標，但絕對不是唯一的目標。自我實現在嶄新的職場世界裡，重新定義了傳統的成功和人生目的，這正是整個討論的重點。這讓我們理所當然地做我們的事，因為我們的目標是「自我實現」，所以無論是努力工作還是輕鬆工作，都是人生旅程的一部分，而且由我們自己來決定。

　　這一切代表著我們在效率上需要提高到一定的程度，才有可能做到自我實現。這指的並不一定總是努力工作，而是我們需要想辦法讓自己變得有效率，雖然我們都知道「效率」的意思，但有時候它可能是暫時推開電腦，讓自己的大腦和身心都回到更好的狀態。我指的也不是我們應該只做自己喜歡的事，「因為我的自我實現要我這麼做」，而是我們應該有意識地朝著自我實現的方向前進，不管是為了得到一份更

能讓我們達到自我實現的工作而在令人昏昏欲睡的企業演講中硬撐著，或是認真地找一份工作。我在前面提到過，效率有時候是最好的自我照顧，這裡所指的就是其中一部分。

我想在本書第一部分幫助你達到的效率，不是單純的提高生產力，而是幫助你更加努力工作，以便更有效率地朝著正確方向描繪出你的人生藍圖：一個充滿目的、熱情與自我實現的未來。

第二章

提升效率的方法

我猜現在應該來點實際的。

我和生產力（效率）之間存在著一個複雜的關係，我認為自己有點懶，但是我越思考這一點，就越感覺到自己這樣其實蠻幸運的。因為我永遠都不可能假裝自己是一個完美主義者，我甚至看不出其中的道理和意義。對我（和歷史上許許多多談論完美主義的人）來說，「完成」比「完美」好太多了！儘管我對自己常把效率放在完美之上的傾向感到有點汗顏，懂得什麼時候不值得太努力也算是一種天份：我知道什麼事情該花一小時完成，什麼又該花一個月，我也知道什麼事應該找人代勞，以及什麼時候我該關機，然後花一個小時構思整個活動，因為我知道自己是唯一能夠實現這個願景的人。總而言之，我的懶惰是一種效率，也是讓我現在能夠擁有這一切的絕大因素。真心不騙！假使你問我哪一種人格特質對我最有益，我的答案會是「懶惰的工作狂」（Lazy

Workaholic）：隨時準備投入工作，但也能隨時停下，把事情交給其他人做，然後騰出時間迎接更多的工作。

說真的，進入這個章節讓我有一點不安，因為我們對於所謂的自我照顧已經太過小心謹慎，所以每個人都擔心自己講話太直接。如果你建議某些人「不需要透過泡澡來讓自己的感覺好一點，或許應該先把工作結束之後再來享受」，他們看著你的眼神會像是你要他們的命似的！我們有時候的確不想做某些事情，但卻需要去做，因為這樣會讓自己的身心更健康。有時候你可以來個泡澡時光，但有時候你需要咬牙硬幹（說這些話讓我覺得自己好像重視效率的名廚戈登・拉姆齊〔 Gordon Ramsay 〕，但我還挺喜歡的。我不會衝著人罵你這個笨蛋！但或許你讀完這個章節之後會這麼罵自己）。

如果你一直太容易放過自己，那就一定要閱讀這個章節。我希望你能分辨什麼時候該下定決心，然後狠狠踢自己的屁股；什麼時候又該拔掉插頭放鬆一下，讓自己當個沙發馬鈴薯。這本書要探討的就是這兩方面，而你必須能夠在這之間游刃有餘。

一切其實非常簡單明瞭，因為我們都需要工作，所以「聰明工作」是最好的選擇。聰明工作指的是有生產力、有效率、

有成效，意思是這樣我們就能有更多時間去做喜愛的事，無論是更多的工作或是更多的玩樂時間。話雖如此，但我並不全然相信近似邪教般「只要你聰明工作就不必努力工作」的言論。想要聰明工作很難，它需要花很多時間來理解自己，還要對自己夠強硬。最重要的是它會隨著整個工作過程而變動，所以如果你以為只要學會了如何聰明工作，一切就會順風順水的話，應該無法如願。我們對未來都有不一樣的期望，無論是希望提早退休、像身兼企業家與暢銷書作家等身分的提摩西・費里斯（Timothy Ferriss）一樣一週工作四小時 [22]、擁有全心全意熱愛的工作或是獲得升遷，所有的這些都需要我們在某幾段時間裡埋頭苦幹（這實在令人懊惱，我寧願和朋友出去玩）。每個你想達成的目標都需要那段刻苦耐勞的時期，即使你決定住在樹屋裡自己種菜吃也一樣。（你種過茄子嗎？超難的好嗎！）

聰明工作 [23]

找出最重要的幾項活動，全力以赴並創造最好的結果，如此你花在工作上的每一個小時都能獲得最好的成效。

　　過去這一年來，我發現整個社會看待工作的方式，對我如何工作有極大的影響。當我第一次了解自己正跟隨工作共享文化改變工作模式時，我開始在各處發現所謂的「昭告文化」（Announcement Culture）。當我試著想更深入探究時，卻發現找不到任何關於這個現象的討論。在我看來，昭告文化呈現出我們恨不得把每一件事都昭告天下的心理需求，而這又進一步造成我們對「擁有能夠昭告的事情」的焦慮感，包括在工作上必須有「能夠昭告」的具體目標以及用來判斷成就的數字（而非質量）。我這才意識到原來這就是自己那麼喜歡在待辦清單上打勾的原因（不管這麼做是不是真的有用），因為無論有沒有實質上的進展或成效，我都可以從打了幾個勾裡得到表面的滿足感。看到自己能把事情完成當然也會讓我自信倍增，然後進一步提高效率或生產力，但若要老實說，我覺得打勾勾這件事大多是拖延工作的舉動。

　　我曾經因為高度職業道德獲得同事讚賞（我到現在都還努力想改掉這個習慣），我一心一意讓自己「表現」得像個企業家，把自己當成執行長，做可以彰顯能力的事，證明自己每一個小時都在努力工作，還列了一大串用來炫耀的待辦事項。那張看不到盡頭的工作清單就像《彼得潘》（*Peter*

Pan）中追著虎克船長跑的那隻鱷魚，肚子裡不停發出滴答滴答的催促聲。我在某些方面的確進步了，但是不是有更好的做法？這些工作真的能引領我在下個星期或是明年有更好的表現嗎？其實不一定。從「完成」當中得到的肯定，通常帶有我們需要獲得立即滿足感的需求，也代表我們會選擇先做簡單的工作。由於想要得到可炫耀和昭告天下的「生產力」（用來顯示自我價值和社群關注），我們可能會急於做表面功夫，而不是去做真正有深度進展的工作。假使你發現自己正是如此，那麼你需要拋棄追求生產力的觀念，轉而為自己的工作和職涯建立真正的基礎，也必須找到能朝著目標前進的實際動力，因為生產力不等於傳統待辦清單上的勾勾，你需要的是一份「真實的」待辦清單，列出需要深度工作力並以重大目標為導向的任務。

深度工作力（Deep Work）[24]

依電腦科學家卡爾・紐波特博士（Cal Newport）的定義，深度工作力意指在心無旁騖且充分展現出高認知能力巔峰的專注狀態下進行的專業活動。這份努力能創造新價值，提升你的能力技巧，且難以複製。

接下來，我即將提供一些非常有用的效率祕訣，不過前提是你需要做好嚴以律己的準備。我可以告訴你全世界的所有祕訣，但是如果你無法誠實面對自己，我說的可能都是廢話，除非你誠實以對，否則這一切都是浪費時間。即使大多數人不曾對我們直言，也不表示自己就該草草略過，或許在（典型英國人）間接表達的習慣裡，也讓我們失去了坦承面對自我的能力。接下來的每一天，無論是不想做太多或是想努力工作的日子，你都必須誠實待己。當你讓自己休息放鬆時，是因為真的需要呢？又或者只是拖延做了一半的事？當社群媒體一下子告訴我們應該努力不懈，一下子又要我們為了自我健康戴上口罩並取消會議時，我們不應該隨意聽從，因為這並不是一種客觀的選擇。只有你知道自己需要做什麼，所以請誠實且清楚明白自己的需求。要做到這一點的基本條件就在於真正地認識自己，了解自己的優勢、界線、渴望以及失敗。

如何做好時間管理

懂得時間管理是實現效率生活最重要的關鍵。它能讓你安排想要去做或需要去做的每一件事，也是減輕壓力最有效

的方法。當你感受到壓力浪潮來襲時，腦袋裡可能會浮現三百五十二件事，每一件好像都很重要，卻又找不到任何頭緒，這時候你需要知道如何有效率地把所有的事情條列下來，然後整理出一個先後順序。時間管理是壓力管理的形式之一，同時也是維持理智的成功關鍵。

　　為了成功做好時間管理，你需要一個確定什麼事情該先做、重要的事情該怎麼做以及維持理智的方法。這個方法必須成為你的第二天性，這樣當你開始感覺到那股壓力浪潮時，就能立刻自動冷靜下來，想出一個方法順著浪尖而上，而不是被浪捲進深海裡。你聽過「如果想把事情完成，就交給辦公室裡最忙的人去做」這句話嗎？這句話絕大部分說得很對，但是除非這個大忙人忙得很有「效率」和「成效」，不然後果應該會很慘！我第一次接觸到效率和成效的概念，是在提摩西‧費里斯的《一週工作4小時》（ *The 4-Hour Work week* ）這本書裡。即使我對書中所提及的許多部分並不認同，但是這個概念的確很重要。這個概念有許多的相關學術研究，而在強調提高生產力以及工作的持續效能與方向高於一切的主張上，無疑也是正確的。費里斯透過「做讓你更接近目標的事」這句話，為效率的概念做了簡潔的結論，而他對成效

的定義則是「以最符合經濟效益的方式來執行任務（不管重要的還是不重要的），具備這兩個要素的人就是贏家[25]。這也是為什麼我們需要能夠分辨忙碌工作與高效工作的絕大部分原因。

確定優先順序是時間管理的第一守則。道理很簡單，如果你選擇不去做某件事情，那麼「它就不是優先事項」。剛開始需要對自己嚴格一點。當你把「沒有時間做」換成「它不是優先事項」，你很快就會更接近紀律與進步所需的自我責任感。不把某些事情排在優先順序上絕對沒問題，你只需要能夠接受這一點。我知道要實際做到會比想像中困難，然而一旦你了解有些事情不必立刻去做，接下來就是決定改變或接受。兩個選擇都可以，重點在於這和你下個星期、下個月甚至下一年的規劃有關。

還是放不下嗎？對沒把那件事排在優先順序覺得不開心？那就改吧！把它改成需要先做的事。這就是你的唯二選擇──改變或接受。如果決定之後還是和自己的期待有落差，那麼需要改變的應該是你的期待，而不是優先順序。

如果你正為該怎麼決定優先順序所苦惱，我強烈建議參考艾森豪法則（Eisenhower Method，又稱四象限法則或十字

法則）。這個法則把考慮點聚焦在待辦事項的「急迫性」和「重要性」兩個分野上，這樣你就可以決定哪些事需要做，而在需要做的事情當中，又有哪些事相較之下必須優先去做。這個法則能夠幫助你分辨待辦事項的本質（第 1 和第 2 象限），清楚知道可以跳過不做的事（第 3 和第 4 象限，這些可能也是你最想拖延不做的事）。

	緊急	不緊急
重要	① 需要盡快做的事 必須在當天完成的重要事項。	② 需要安排時間去做的事 重要但沒那麼緊急，可以安排適當時間去做。
不重要	③ 別人可以做的事 緊急但是沒那麼重要，可以安排其他人去做。	④ 不需要做的事 既不緊急也不重要，完全不需要去做。

這個法則一點也不複雜，也絕對可以幫助你大致上確定哪些事情值得現在或之後花時間去做。我發現自己會自動先去做腦海中歸類為「緊急又重要」的事。我認為這個法則足以讓你先釐清應該或不應該去做的事，雖然還無法在整合安排上有太大的助益，但已經是很棒的第一步。

釐清所有的事之後，為了決定優先順序，還需要做安排。

我不想顯得太招搖，但我還真是一個時間管理大師。我一邊完成大學的學業，一邊經營兩家企業，同時維持一定程度的社交生活（還得讓自己不崩潰），也就是說在這當中的我，絕對具備一萬個小時的時間管理經驗。我在多數事情上不敢自稱是個專家（即使是別人聘請我去做的事），但若是有人給我成堆的事情做，然後告訴我根本不可能做得完，那就等著看我怎麼發揮所長吧！這樣的任務有利有弊（沒有條理讓我感到輕微心悸），但我知道這是我的強項，也經常有人拜託我做這類的事。我知道不可能有一種方法能解決所有的問題，但是如果我不把如此自豪的管理方法放進這本書裡，這本書就不是我的書了。

你會發現我的首要原則主要基於可見度與覺察這兩個部分，因為清楚看見需要做的事情是掌握效率的基本關鍵。無論事情多麼的繁重，你的待辦清單都必須清晰可見，否則你無法全部及時完成。

步驟一：利用電子行事曆

「認真的嗎？這就是你的建議？我看這錢恐怕白花了！」

我是認真的！現在已經是二〇二一年，每個人都知道電子行事曆可以記住即使我們記下來也可能忘記的事。更棒的是無論使用哪一種類型的電子行事曆，都可以同步連線到電子郵件的提醒服務。市面上的電子行事曆種類非常多，試試看，然後找出適合你的「仙杜瑞拉玻璃鞋」。我使用的是 Google 電子行事曆整合系統，它能讓你標註好幾年之後的日期，然後等時間快到時才提醒，這樣你就不必像個手裡拎著塗鴉本的小孩一樣，整天惦記著。

第二個優點是電子行事曆能讓你針對不同的工作領域或社交圈建立個別的行事曆，這麼做對維持工作與生活平衡真的很有幫助，我們也會在之後的章節中進行討論。在視覺上將事情分門別類能夠減輕焦慮感，讓人大大安心。

步驟二：也準備一本紙本行事曆

別擔心，關於電子行事曆的迷戀就到以上為止。

我強烈建議使用頁面上能清楚呈現一整個星期的紙本行事曆，這樣就可以看到整個星期的行程。然後在星期日晚上或星期一早上開始工作之前，把所有打在電子行事曆上的行程全部寫在紙本行事曆上。我知道這聽起來有點瘋狂而且很

花時間，但真的還好，尤其是這麼做可以讓你免除在新的一週來臨前潛意識就開始焦慮的壓力，之後還可以節省很多時間。這麼做不只是複製行事曆，還可以讓你綜觀需要效率管理的工作量，即使事情在最後一分鐘才發生變化。可見度是讓一切順利運作的第一步，而且花費的時間和之後得到的益處相比根本不算什麼。

步驟三：待辦事項表

　　這個步驟最為實際，待辦清單已經過時了，取而代之的是待辦事項表。這個表能幫助你統整需要做的事，並且利用艾森豪法則來釐清先後順序。

　　為什麼你的待辦清單看起來像流行音樂前四十大排行榜那麼一長串？這是一個非常嚴肅的問題。待辦清單上的每一件事其實有所差別，他們不會同等重要或具急迫性，如果你需要在下午五點前做完清單上的七百零三件事，應該會不堪負荷吧！我的待辦事項表基本上運用的是分批處理法，可以一次清楚看到連續幾天需要做的事。我會在每一天早上列表，而為了能夠管理先後順序，也會把幾天內需要做的事項列上去。這麼做只需要五分鐘，卻能節省一大把時間，讓你在開

始進行之前確定優先順序、將任務可視化並整合待辦事項。
雖然感覺起來好像很麻煩，但說真的，如果你連花五分鐘的
時間提前計畫都辦不到，那麼應該也不可能在繁重的工作下
保持條理和冷靜，按時完成每一件事情，然後滿足自己微小
的需求（像是上健身房、和朋友聚會、散步等等）。

分批處理

把同一類的事項安排在一起做，由於進行時使用的是
同一個大腦區塊，可以讓你越做越熟悉、順手。

你的待辦事項表大概會長這樣：

很快就能做好的事	工作任務	計畫

很快就能做好的事：五分鐘內就能完成的事。例如：回
覆通訊軟體上的公務訊息、在 Instagram 上傳公告，或是傳送
公司聚會的訊息給同事。

　　工作任務：最多需要三十分鐘完成的事。這些事需要花點腦力和時間，但是還算單純，不需要同時處理兩、三件以上的小事項就能做好。例如：統整與永續時尚相關的文章並發送給生產團隊、草擬給律師的回覆函、檢視應用程式開發案的專案報告。

　　計畫：這些都是大事，可能不是當天必須完成，但你還是需要每天時時刻刻放在心上，並持續到下一週。例如：設計新的系列、進行競爭對手的市場調查準備、做財務報告的準備。

　　接著，以上這些事項會依照時間表分段完成，例如設計新系列這一項可能會分成以下的進程：

- 在沃斯全球時尚網（WGSN）進行季節性趨勢研究。
- 為新系列建立「情緒板」（Moodboard），找出想表達的感覺。
- 思考此系列需要多少件數。
- 進行設計草稿。
- 編寫規格說明。

- 發送至生產團隊進行審核。

重要提醒：當你知道自己需要在特定的某一週內完成某件事時，請立刻將這件事的階段進程納入當週的待辦事項表裡。這樣，你就可以知道是否需要團隊中的哪些人先開始進行某些事項，也能讓自己清楚了解想要完成整件事的各項進程時間表。

步驟四：安排時間

待辦事項表列好了之後，請在開始進行之前（如果九點開始，就在八點四十五分），選擇當天需要做「很快就能做好的事」、「工作任務」或「計畫」。瀏覽你的行事曆，然後將這些事項安插在一天當中（「很快就能做好的事」最適合安排在令人尷尬的十五分鐘空檔）。為了將每一件事情都排進行事曆裡，我利用了「時間區段」的技巧。

時間區段的概念不是我發明的，但老實說，以我對它的熱情程度應該可以請領薪水了，因為我的生活簡直就是時間區段的活廣告！時間區段的運用時間沒有任何限制，完全取決於你的工作，例如是不是自由工作者、目前的職涯階段、

時間區段

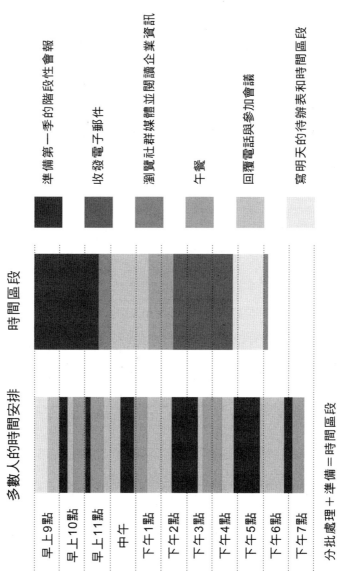

是否還在念書等等都是考慮的因素。無論你是想好好安排一個星期的工作，或者只是為了想充分運用晚上或週末的時間來經營副業，時間區段都是一個超級好用的工具。

時間區段的概念很簡單：將一整天的時間盡可能劃分成不同區段，再將每個區段用來完成特定的一項或多項事務。如果你一整天都電話不斷，也不確定什麼時候會接到電話，沒關係，只要能在特定的時間區段內完成規劃的事項即可。請提前一天或一個星期查看你的行事曆，找出還有哪些時間可以填補。接著在行事曆中增加一個時間區段，就像加註約會或會議一樣（只不過是和自己進行的），這麼做可能需要縮短午休時間或把上班時間提早，但是如此一來就能多出正好一到一個半小時，可以用來分批處理任務和計畫。如果你的行事曆中留有充裕的時間，不妨以這些時間區段作為優先考量，再來安排一整個星期的行程。以我為例，我就規劃出星期二下午、星期三整天以及星期四下午的時間來寫這本書。

想要完美利用時間區段的最好方式，就是先了解自己和自己的工作習慣。你的頭腦在早上最清醒嗎？我知道自己就是這樣，所以我會試著空出早上的時間，用來處理公事或是規劃這本書的內容。這一切都和認識自己以及明白自己的

大腦思維如何運作有關，並藉此建立一個有條理的生活。除了上班的工作以外，你自己的事也應該相對重要（甚至更重要），雖然我知道不一定做得到，因為既定的工作已經占據了很多時間，然而把你的目標放進行事曆中，就是實踐的第一步。你必須能夠在一天和一個星期之中看到自己的進步，否則就會沒有讓自己進步的時間。

　　然而現實是殘酷的，有時候會無預警出現非常緊急的工作，這時早已安排好的時間區段和其他既定事項都不得不跟著取消。但是時間區段的設定大大提高了生產力與效率，所以如果時間管理得當，你也一定會有餘裕來處理那些無論多麼意外增加的工作，因為當天大部分的優先工作，很可能在意外增加的工作出現前都已經完成了（多出來的工作通常都挑最後一刻出現）。雖然時間區段的工作方式能幫助你更明智且有效率地運用時間，但這並不表示其他人也是這樣，全世界的時間當然也不會繞著你的時間區段計畫打轉。你必須想辦法適應，並盡可能用最快的時間完成突然出現的任何事情。我們不可能預見不可知的未來，但絕對可以掌控自己的應對能力。如果你這個星期的工作效率都很高，那麼不管這個世界對你拋出什麼，你都具備了更強大的能力來接招。身

為人類的美妙之處，就在於當事情沒按照嚴密的計畫進行時也沒關係——因為我們有靈活應變的能力。然而如果你發現這些意外出現的機率比想像中還要頻繁，或者讓你越來越焦慮時，我會建議在一天當中安排一些「意外工作」的時間區段，為臨時多出來的事務預設時間，況且如果當天沒有突然出現的工作，你還能有多出來的時間呢！

　　我還是必須強調，我的方式不見得人人適用。關於時間管理的方式與資訊還有很多，所以千萬別把我說的當成聖經來用。但是我真的非常希望你至少能夠試試這些建議，並在了解哪些方式對你比較有用之後，做適當的調整（無論是在待辦事項表中增列表格，或者改成把紙本行事曆上的待辦事項打在電子行事曆上）。你才是這裡面最重要的，即使已經制定了專屬的方式和變通之計，你可能還是需要擁有幾天或一整個星期的休息時間，這點完完全全沒問題。我真的相信只要你知道怎麼做最適合自己，也不逃避面對實際問題並採取正確的解決方法，那麼你就踏上擁有成效且專注的成功之路了。

深度工作力

　　為了讓時間區段的成效更上一層樓，我想再和大家談談深度工作力。我在之前的篇幅中曾簡短介紹深度工作力的概念，不過任何卡爾・紐波特博士的忠實粉絲一定都知道，一點點哪夠！

　　深度工作的基本概念，就是接受我們隨時都有可能被四面八方（無論是已經告知還是毫無預警）的干擾所轟炸，而我們的工作就是在需要時與之對抗並保護自己的權益[26]。換句話說，就是改變自己的工作方式，安排深度工作區塊（與時間區段），然後在那些時間裡全神貫注地專心工作，一點都不能分心。你打簡訊的速度或許真的超級快，但你肯定想趕快把那些鳥事都做完，以便之後能有更多製作梗圖或回電子郵件的時間（而且是在安排好的時間區段內進行），不是嗎？只要你的效率越高，就越能夠有更多時間花在想做的任何事情上。不要讓那些片刻的立即滿足阻礙你做更好的自己，因為你可以成為「更好的你」。

　　現在，讓我們回到深度工作力的概念。

　　深度工作力完全符合我們所討論的時間區段以及如何有效運用時間的話題。紐波特博士的深度工作力，可以直接用

來區分時間區段的深度工作與淺薄工作（Shallow Work）。與深度工作相反的淺薄工作，被歸納為「認知能力要求不高的後勤式工作」[27]。因此，你需要辨認不同工作的時間區段，並在安排的時間內執行完成。如果兩種工作的性質不一樣，卻被歸在同一個批次處理，那反而沒有任何助益。讓自己專注於深度工作之中，然後將淺薄工作集合在一起統一處理，這樣才不會占用了整天的時間。

深度工作的意義在於我們可以好好利用寶貴的時間區段，讓它不僅只是完美的表面規劃，而是可以真正有效率且同時兼顧品質地完成工作。你可以每一個小時都設置一個時間區段，直到退休的那一天為止，然而除非明智地使用這些區段，而且工作時不讓自己分心，否則這麼做只是讓行事曆看起來忙碌充實，卻不會有實質的幫助。

想要進入深度工作的境界可能有點難度，特別是如果這項工作並非你的熱情所在，因此也無法讓你自然而然地進入狀況。我個人的深度工作階段有點類似下一頁的圖表。

暖身是深度工作最重要的關鍵階段，但如果你對手邊的工作毫無熱情，那麼這個階段將會變得格外困難（也更加重要）。你需要讓自己進入工作狀態，好在深度工作時段盡可

深度工作階段

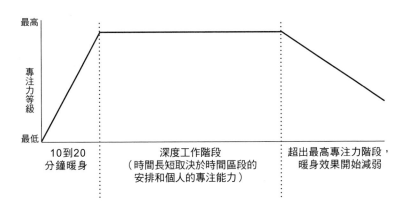

能發揮最大的生產力。你當然可以直接進入工作模式，畢竟大多數的專注力來自於紀律，但就像任何運動一樣，最好還是先做好準備。對我個人而言，工作前的「暖身」能讓我的工作品質更好，專注的時間也更久。我偏好運用「深度工作啟動力」來讓自己做好準備，建議大家不妨先試試我的方法，做一點調整後變成你的方式，就可以開始啦！

深度工作啟動力

能讓人進入深度工作專注狀態的暖身活動。

　　如果你即將進行類似的工作，我建議可以把相關的事項聚集在一起進行，這麼做能讓你更快進入狀況。相關事項可以透過很多種方式產生連結，舉例來說，假使你正在撰寫一篇和再生能源有關的文章，就可以藉由寫來開始，寫什麼都行，只要能讓你進入狀況即可。閱讀相關文章或在 Youtube 觀看相關影片來尋找靈感也是好方法。我會利用以下其中一個或多個方式進行十到二十分鐘暖身再進入深度工作：

1. 閱讀相關文章或部落格。 無論是什麼工作，閱讀一篇相關的文章，都能讓我直接開啟深度工作模式。我覺得部落格文章特別適合，因為大多簡短、溫馨，而且有一個好處——不會讓人一直看下去。不管你如何閱讀，請先設定時間限制。因為你可能找到很多篇有趣的文章，如果毫無節制地一直閱讀下去，我們都知道最後就會掉進閱讀黑洞裡。紀律是關鍵！

2. 寫出當下的想法。 假設你的工作是寫一篇新聞時事的相關論述，請在開始撰寫整篇內容前先寫下未經刪減或深思熟慮的句子，暫時把完美扔出窗外，這些草擬的句子不需要完美無瑕，甚至最後不一定要出現在文章裡——寫就對了！

3. 設立目的。 清楚簡潔地寫下深度工作時段的目標，並

先設立一些能引領你朝終極目標前進的小目標。

　　如果你的前一項工作和即將進行的完全不相干，比如在進入寫作前做的是演講或上台報告，那麼你需要先調整一下心情。這有點像高檔餐廳在每一道菜中間會先清味蕾的概念。試著做一些能讓你集中注意力的事，無論這些事是否和你即將進行的工作相關，然後再藉由閱讀相關文章或其他類型接近的事，來讓自己進入狀況。

和前一項工作類似的活動

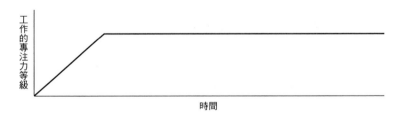

和前一項工作完全不同的任務

　　和深度工作相反的是行政事務。我們都知道行政事務就像是個無底洞，它消耗時間的速度比你大口狂吃達美樂披薩還要快。任何工作都免不了要處理一些行政事務，尤其如果你是學生、剛進職場的菜鳥，或者在一家小型企業工作，但是這些行政事務都只是必須做的瑣事，不應該列為優先事項。行政事務是阻礙你真正進步的敵人，它會讓你覺得自己好像完成了很多事，但事實上只是消耗掉你的時間而已。

　　面對行政事務這個消耗時間又扼殺創造力的惡魔時，我會運用以下三個處理原則來應對：

　　• **不要一開始就處理行政事務。**這一點太重要了，我必須再強調一次──絕對不要一開始就處理行政事務。因為等你做完可能已經下午兩點了，這時候你的創造力大概也已經準備打烊休息。我知道你的出發點是好的，也知道你只是想把這些無趣的事情先處理掉，可是這麼做的結果只會讓你減少不太需要動腦而且晚一點做也能完成的工作量，卻讓你缺乏足夠的時間進行深度工作，也就無法得到真正的進展。

　　• **設定收發電子郵件的時間。**在一天的工作中設定收發電子郵件的時間區段（不超過兩到三個時間區段），然後關

閉郵件通知。你可能因此沒辦法贏得前幾名回覆信件的獎勵，但是我保證你的工作會更有品質，這才是真正重要的事（不過如果你的主要工作正是回應電子郵件，顯然就不包括在內，但你仍然可以為其他事務設立時間區段，並從中受益）。

• **找代理人。**這對自營業者來說特別重要。原則上，如果你是自營業者，也聘請了額外的幫手，那麼你的時間就應該用來處理唯有你才能做的事。除此之外，代理人應該被視為團隊的一分子，幾乎所有現代經濟學的觀點都認同將勞動力劃分解構成各個專業，才可能創造出最有效率與最佳的工作成果。想要自己完成整件事是很自然的事，所以有些人（包括我在內）對於委託他人代勞這件事顯然卻步，但是了解自己與團隊中每一個人的專長，並且相信一起工作的夥伴才是關鍵。最好的作法是將特定的工作交付給比你做得更好或更有效率的人，然後在他們不足的地方給予支援或協助。

讓最有效率的人更有生產力

或許你已經實施以上建議的一些事項，或許你有一套自己的方法，且自認施行起來的效果不錯，又或許這些建議並不適用於你的工作，不過如果你想成為優化時間的高手，以

下提供幾個能讓最有效率的人更有生產力的通用法則：

1. 確認每一項事務「實際」所需的時間。如果預估的時間不正確，就很難做有效的計畫。不妨花一個星期記錄自己花多少時間寫一封簡單的電子郵件或完成一件比較大的案子，這樣你會更了解自己的工作流程和能力。

2. 休息一下。這是我常常做不到的地方，因為只要一順手，我就會毫不懈怠地投入，直到精疲力盡為止，然後剩下的時間完全無法集中精神。這種作法可能只有趕工時才適合，不應該成為常態。關於每一次的工作時間應該維持多長的問題，已經有很多不同的研究結論，但是我認為這完全端賴工作性質、所需的專注力，以及個人的工作偏好而定。你可以根據以下幾點來找出自己的最佳工作時段：

- 你在多久之後會失去工作的專注力？

- 你對某些工作的專注力會比其他工作的長，所以我建議大家在待辦事項表上的三個工作區塊規劃出三個不同的時間長度。就像我可以有效率地工作兩個小時，但是在四十分鐘之後就會開始無法卯足全力，而剩下的一到一個半小時就只是用一般的速度工作。所以你

可以根據這些習性來安排時間區段的時間。

- 假若你覺得疲勞、精力用盡，甚至是宿醉，那肯定無法在正常安排的時間內集中注意力，這時候如果可以的話應該休息一下，如果沒辦法休息，請先縮短當天的時間區段，或是讓自己定時休息片刻，不過要提醒自己別休息太久或是不小心睡著了。

3. 週末不工作。因為覺得自己在週間工作得「不夠多」，所以養成週末也工作的習慣，只會讓你掉入無止盡的循環，不斷地追趕，永遠沒有辦法好好休息。你可以隨心所欲地在週間延長自己的工作時間，但是保留每個週末給自己，堅持不工作，畢竟沒人可以從空杯子裡倒出任何東西來。

4. 為自己設定期限。想在同一天完成二十三件事，根本就是自找苦吃，就算這些事真的都必須在同一天完成，也不表示你應該把所有的事情排在當天做完。重點在於提前準備，依據你的時間區段來設定時間，同時給自己合理的時間來完成每一件事（請見第 1 點）。官方的期限不是你的期限，一旦你掌握了這個訣竅，就能夠在工作與有趣的事情之間取得更好的平衡點。我在大學時就習慣設立非常嚴謹的個人工作期限，好讓自己能在原本應該工作的時間裡安心撐過宿醉的

早晨。這一切都和付出與收穫有關。

5. 保持工作空間的整潔。盡可能整理得乾乾淨淨，擺放植物、清理桌面、把文件放整齊，你會訝異這麼做對集中注意力有多大的幫助。

6. 兩分鐘原則。知名企業家史提夫·奧倫斯基（Steve Olenski）提出他個人認為最能刺激生產力的方法：如果你發現某件事兩分鐘內就能完成，馬上去做[28]。某種程度上，我非常同意這點。但是對行政事務惡魔來說，這麼做可能很不妙。請先確定你明白做四件耗時兩分鐘的事和只做一件之間的差別，同時也要做到自我約束，當你正處於創造力大爆發卻突然有其他事情冒出來時，千·萬·不·要·去·做！

- 根據一項加州大學爾灣分校（University of California Irvine）的研究，一個人平均需要花二十三分鐘又十五秒的時間，才能在被打斷之後重新回到正軌[29]。想想一天當中的電子郵件和打斷工作的小事有多少啊！我不知道你怎麼想，我倒是寧願把那些因為做「一下子就好的事」所浪費的好幾個小時，用來中午多休息一下。

7. 開有效率的會議。開會有時候真的很耗時間，我的建

議是提前規劃，確保在最短的時間裡獲取最大的效益，例如：事先擬定問題、確認開會的議題。有些會議其實寄出一封電子郵件就可以解決，所以請不要為了看起來正式就召開毫無效率的會議。專心開會也很重要，我們都太習慣將開會時間當成處理行政事務的趕工機會，如果你人在會議室，請讓你的心也在。我超級擁護將會議室設為禁止使用手機和筆電的區域，這麼做可以將干擾降至最低，維持整個會議的專注。

　　8. 使用提升注意力的應用程式。市面上有很多可供選擇，無論是手機應用程式、筆電外掛程式或是直接阻擋動態訊息。我的最愛是一款名為 Forest 的應用程式，只要設定好時間，手機螢幕上就會開始長出一棵「專注樹」，所以你在那段時間裡完全無法使用手機。光是這個應用程式就讓我大學期末考的學習力增強了十倍，它也是控管時間區段的絕佳方式。如果你有強烈的好勝心，不妨邀請朋友一起加入，來個植樹奧林匹克大賽。我也非常推薦筆電的阻擋動態訊息功能，可以為宿醉和想偷懶的早晨節省很多無意識滑手機的時間。你的工作時間應該是做些具有實際工作進程的時間，這樣你才能在之後做想做的事。

　　9. 關閉通知。你可能會在關閉通知之前再花點時間確認

昨晚約會的那個人是否回覆簡訊，不過接下來你會發現自己確認的次數越來越少。結果當然不一定總是如此，假使你的老闆希望你隨時待命，可千萬不要關閉通知然後怪我提出這個建議。倒是可以告知大家你需要暫時離線工作，這對遠端工作者特別有效，因為別人看不到你現正忙碌中，也就不知道會打擾到你的專注工作時間。關閉通知簡直就是專注力的神助攻，但請記住，溝通是其中的關鍵。雖然不一定都能奏效，但開誠布公地讓同事了解這麼做能幫助你專注應該也夠了。當這個世界越來越遠離電子郵件並傾向使用即時通訊時，你需要盡可能設立界線。同樣地，辦公室內也有很多令人分心的事，從電話鈴聲到同事突然現身跟你打招呼。每一間辦公室都有不同的用途，所以你或許可以暫時借用會議室安靜工作，或是到隔壁的咖啡館集中精神來避開干擾。

10. 投入工作。投入一件而非多件工作，這樣你只需要用一半的時間就可以完成。

11. 誠實聆聽自己的聲音。工作時聽快節奏的音樂會有幫助嗎？或者會減慢你的速度？我不是要在這裡做出對或錯的評判，但是你需要做出決定。我知道這句話前面已經說過了，不過還是希望你能在工作的時候用心工作，有效率地完成工

作事項，好讓自己有更多時間做想做的事。

12. 為每一天訂定目標。開始工作之前，何不先在大腦中訂定一些目標，為接下來的時間進行準備？這部分和待辦事項表的工作項目無關，而是用來激勵和提醒自己。例如：

- 我不會讓自己的情緒在和製作團隊通話後大受影響。
- 我要為自己準備一份美味營養的午餐。
- 我今天要種一棵五個小時的「專注樹」。

13. 強化你的優勢。帕雷托法則（Pareto's Principle）認為 20% 的原因能導致約 80% 的結果。因此，請讓你的 20% 做到最好，然後等著後續的快速發展。我最喜歡的一些方法剛好也是不太花錢的，像是閱讀文章和研究報告、閱讀相關書籍、觀看 Youtube 影片。你不需要學位來增加某方面的知識，擅長一件事的最好方式就是練習！

帕雷托法則（Pareto's Principle）[30]

理查·柯克（Richard Koch）在其著作《80/20 法則》（*The 80/20 Principle*）一書中提到此理論，隨後廣為流行，他在書中強調 20% 的原因會導致 80% 的結果。他認為這表示「只要專注在最重要的 20%，就可

以用更少的努力、時間和資源，獲得更多」。這個論調顯然有它的局限，畢竟為了最注重的 20% 而立即放棄剩下 80% 的工作，幾乎沒有什麼好處，不過專注並增加優勢這一點，絕對是有用的。

14. 勇於說「不」。練習對會議、午餐邀約、無法有效利用時間的專案說「不」。當你擁有更多工作中上的自主性時，說「不」的能力和自信也會跟著提升，然而說「不」的基本法則端賴你自己的意願和能力，嘗試將說「不」視為正當反應。無論你正處於職涯的哪一個階段，說「不」都會讓人很掙扎，卻是非常重要的一環。如果你身在傳統的工作職場，請試著向經理討論你的工作量，因為唯有越了解，他們才會越替你著想，甚至在資深人員把他們的工作丟給你時替你說「不」。你可能覺得這種事不可能發生——某個程度上取決於你和上級的交情，不過他們的工作範疇就是掌控你的工作。所以，溝通是關鍵！

15. 工作與時間。盡可能依照工作需求與性質來安排工作，而不是按照時間來工作。按「時」操課既無聊也浪費自己和別人的時間，先明白自己的能力所及和工作內容再進行

安排才是明智的做法。發現自己難以集中精神嗎？那就先做一些比較簡單的工作，完成後先休息一下。不過請確認這些簡單的工作不能過量，免得掉入行政事務惡魔的陷阱裡！要是這個方法不管用，就來個運動時間（跳躍運動是我的首選）、鼓勵自己一下，或是直接請假（如果這真是你需要的，而且可以這麼做）。

16. 先擬定待辦事項表。在一天結束之後為隔天擬定待辦事項表，讓自己對第二天需要做的事有全盤的概念。這麼做也可以降低晚上的焦慮感，因為你已經把待辦事項都寫下來，不必在腦海中記掛著，或者擔心明天會發生什麼事。不要盲目地過日子，看見才是關鍵！

17. 利用通勤時間……讓大腦做好準備。讓通勤時間成為迎接一天工作的暖機時間，聽 Podcast 找靈感、查閱待辦事項表、準備會議的提問、閱讀……無論你的通勤時間是長或短，長期累積下來都會很可觀，最重的是能夠讓你進入工作狀態。

- 請注意，以上討論的都屬於「努力工作」版本，還有「輕鬆工作」的版本。有時候你真正需要的是利用通勤時間放鬆一下，讓這段時間成為享受。雖然以上的建議的確可以提高生產力和工作效率，同時幫助你做

好開始工作的準備，但是過度勞累時，我喜歡用相反的方式度過通勤時間，像是慢慢走路上班、給自己買點好吃的、打電話和朋友聊聊天。總之，還是看你自己的需求。

18. 做運動。每個禮拜都試著做運動，把運動慢慢變成一件你愛做的事，因為如果你無法樂在其中，就不可能堅持下去，相信我——我在這方面可是經驗豐富！我們都知道運動有益身心健康，但是很難持之以恆。我平日每天早晨運動二十分鐘，做我當天心血來潮想做的運動（通常是舉重或間歇運動），動動身體真的可以促進大腦的思考力！

19. 好好吃飯、隨時補充水分。你吃的食物不只餵飽身體，也餵養著你的大腦。請了解哪些食物能幫助你集中精神，哪些食物會影響你的專注力。有趣的是我發現自己如果午餐吃很多洋蔥，之後就無法集中注意力。知道這一點有利於我的專注（以及聞到我嘴裡有洋蔥味的人）。此外，補充水分的同時也逼得你一定得離開座位，你就不會因為整天坐著不動感到昏昏欲睡——特別是在家工作的人。

20. 做就對了！覺得毫無生產力？無法發揮創意？不知道從何開始？答案就是……做就對了！放下你的手機，拿起筆

或按鍵盤隨便寫什麼都好。別再抱怨自己沒有靈感，就讓你的手毫無意識的動起來，不管寫什麼，重點是讓大腦做好暖機的準備。

建立一個適合自己的日常作息

　　每一個人的生活所需規範完全取決於個人需求，不過我堅信需要的絕對比你認為的還要多。這並不表示我們必須像上課一樣有嚴格的時間限制，也不是要你按分鐘計畫一天的時間，或是嚴格到必須計算喝一杯咖啡的時間，而是從遵循符合個人工作與生活的作息規範中，得到所有的好處。制定日常作息的規範，就是要從中找出最適合自己的方式。

　　假如你是個自由工作者，當然會比一般上班族擁有更多時間管理上的自由，然而在全新職場世界中的工作，也會比你認為的還要有彈性。學校的教育制度可能讓我們以為職場世界也一樣沒有轉圜的餘地。但是你的老闆很可能只希望大家都能做出最好的工作表現（這樣才顯得他們領導有方，公司的業績也蒸蒸日上），因此該如何在工作中融入你個人的最佳作息，其實應該由你來決定。或許可以詢問主管是否同意讓你改成早上八點上班、下午四點下班，因為你習慣早起，

或是辦公室太嘈雜的話會讓你變得遲鈍。如果你不問，就不可能爭取得到。但是請保持專業態度，有些人，尤其是年齡較長或經驗不夠的主管可能會堅持立場，不願意做任何改變。這時候唯有證明你自己的能力，更加努力工作，因為做得越多，就越有可能獲得更多的信任和工作自由。

我在建立日常作息這部分有一個小公式，這是我在漫無邊際的數學領域中唯一產生共鳴的一項：

慣例（Ritual）＋習慣（Habit）＝日常作息

慣例是你有意識遵循的概念和規定，而且要靠紀律來維持。可能是早晨花十分鐘做瑜珈伸展，或是刻意把鬧鐘設定提早十分鐘，好有屬於自己的時間。

習慣是我們經常做的無意識行為。例如：早上六點起床之後一定按照洗澡、洗臉、換衣服的順序。

日常作息是前面兩項加起來之後的結果，這不是一個固定的時間表，而是慣例和習慣的累積，之後也可以運用在其他事情上。

慣例經過一段時間之後可能變成習慣，這也是我們真正

開始感覺到差異的地方。習慣就像是一種備用引擎，可以在我們需要的時候啟動，也是動力的保證。事實上，動力不會一直都存在，當你需要從床上爬起來跑五公里時，動力不會現身，這時候只有靠紀律支撐的慣例或已經形成的習慣能推你一把。我們在現實狀況中不可能隨時維持最佳狀態，而紀律和習慣就能填補其中的不足，你需要好習慣來養成良好的作息，以保持效率和心情愉快。

那麼該如何養成好習慣呢？

我非常推崇詹姆斯・克利爾（James Clear）的《原子習慣》（*Atomic Habits*）所說的：習慣（微小的變化）可以也將改變你的整個人生[31]。克利爾認為不需要急於做很大的改變，只需要從小處做起，我非常認同這一點。習慣決定一個人的一切，當我們一遍又一遍地例行這些小習慣之後，就能累積成為一個日常作息。我不再贅述這本書的內容，但是非常推薦大家閱讀。真正發生的改變都從小處而來，建立常規，然後將之轉換成習慣，再利用這些習慣培養成日常生活的固定作息。

當我審視自己的習慣時，經常認為自己「應該」能夠隨時做出調整或改變。克利爾在這部分做了很多討論，也提出

如何克服這個念頭的方法。他提到「潛伏之力的停滯期」（The Plateau of Latent Potential）的概念，並指出我們預期習慣的改變就像一個斜斜往上的箭頭，但實際上的改變不僅緩慢，剛開始還常常令人沮喪，這也是為什麼那麼多人輕易放棄[32]。只有激勵自己攀登上「轉捩點」才能功成名就。但我發現失敗的挫折感也同樣難以克服，我認為這時慣例正好派上用場，它能讓習慣的建立更容易做到，也更人性化。即使知道有些慣例不可能成為習慣，但我有時候還是把它納入日常作息裡，像是我會試著比需要醒來的時間早十分鐘起床，因為多年來都睡到最後一刻才醒來的經驗，讓我了解早十分鐘清醒比多睡十分鐘輕鬆許多，但這不會變成習慣，端看我決定是不是要把鬧鐘時間設早一點。其他比較不嚴格執行的慣例包括先做最困難的事，這不算是一種習慣，也不太可能成為習慣，因為這類狀況不是每天都會發生，而且比較算是一種想法而非具體的習慣使然，但是從經驗上來看，這個做法能提高我的生產力。建議大家可以根據工作偏好和任何能幫助你將工作做到最好的方式，變成你的慣例。

　　閱讀到這裡，你可能完全不知道什麼樣的方式最適合自己，但這正是有趣的地方。我知道一個句子裡同時出現「慣

例」、「工作」、「樂趣」似乎有點矛盾，但請聽我說完。你最需要記住的重點是慣例就像其他事情一樣，會在你的一生中隨著技能、優先事項和偏好而產生改變。至於如何改變或何時改變，就是你的責任了，你也必須隨著這些改變調整慣例。慣例可能隨著季節或生活中的事件變化而改變，你或許在夏天早上五點鐘太陽升起的時候充滿創造力，但是冷颼颼的冬天早上要你八點起床可能會讓你頭很痛。假設你晚上有參加不完的活動，每天都很晚睡，隔天早上應該會覺得很痛苦。慣例及調適能力和了解自己有關（你發現共通點了嗎？），但是盡量不要固守著慣例一成不變，因為接觸過外面世界的你一定知道，事情總會不期而至，需要緊急處理的事一定會出現，所以你也不得不跟著調整。

　　如果你已經建立面對這些狀況的處理方式，或許就不必太擔心。舉例來說，當我準備打卡下班時突然出現緊急狀況，我的慣例是直接與負責的團隊對話，請他們向我報告情況，再一起擬出後續的計畫。如果正好有約，我也會發簡訊告訴朋友「我得取消約會了，千萬別恨我啊」，然後為自己倒一杯（不一定是酒，老實說要看危機的嚴重性而定），再放一段好聽的音樂，或許點一份外送餐犒賞自己。這時候我的工

作模式會從平常的追求極致效率，轉換成比較溫柔體貼的「真是對不起，讓你在不應該工作的時候還要繼續工作」。我得對自己喊話，好維持理智不斷線。

非常重要的危機處理與飲酒關係圖

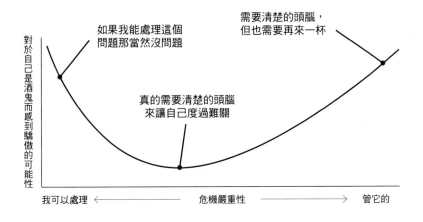

那麼，如何建立慣例呢？

想要找出適合自己的慣例的祕訣，和發現自我實現的方式極為相似：列出你喜歡的和不喜歡的，再加上你想要達成的目標。所以，如果你喜歡慵懶的賴床到下午兩點，然後在家待到六點再出門吃晚餐，同時又希望自己的日常作息變得充實有效率，那麼賴床晚起就不能成為你的慣例。

請你問問自己下面這幾個問題：

- 哪一項早晨慣例最能讓你感到平靜，並做好迎接這一天的準備？

- 你在一天當中的什麼時候效率最高？

- 哪一項工作習慣讓你感到最焦慮？

- 什麼時間會讓你覺得很難產出高品質的工作？

- 你希望能有時間做什麼事？

- 為了實現今年的目標，你需要在日常生活中做出哪些改變？

分析工作如何影響你，以及你如何影響工作，多做讓自己感到快樂又有成效的事，大多數時候就是這麼簡單。讓自己慢慢來，循序漸進，留意自己在什麼時候感到最有或最沒效率，建立能配合以上現象的慣例，並讓你的日常作息圍繞著這些慣例進行。你的日常作息應該完全按照你的意向而行，而你也是唯一能夠做到這一點的人。我們從小就習慣以其他人的作息當作自己的規範，但是到了某個時間點之後，我們需要建立屬於自己的日常，如果不這麼做，我們就無法過著擁有自己的目標和喜好的生活。

現在，請懷抱這個章節提供的所有技巧，成為效率大師吧！不過，如果你沒辦法產出「好」成果，就什麼都不算數了！無論現在的你位於職涯中的哪一個階段或擔任哪一種工作，有一些做法絕對有利無害，在我們邁入下一個章節之前，我一定要告訴你：

- **使用拼字檢查。** 我要求公司的每一位同仁使用拼字與文法檢查軟體，這不但改變了整個工作品質，更省下非常多時間，所以我不能理解為什麼還有人不用它，它甚至可以調整你的用語，達到符合的正式用法。科技真是太進步了！大家常常輕忽語法與用詞的重要性，尤其是對有閱讀障礙或英語是第二外語的人而言，若要真嚴謹斟酌起來可是既艱深又耗時呢！幸好坊間有很多工具可以減輕你的負擔，幫助你輕鬆掌握其中的訣竅。

- **請求協助或解釋。** 不是很確定的事，就開口問吧！我們都有同一個目標：盡可能產出品質最好的工作成果，況且辦公室裡的階級制度通常沒有表面上那麼遙不可及。事先問清楚總比最後重做好。

- **自我學習**。努力讓自己把工作做得更好，特別是喜愛的領域。自我學習會讓每個人的生活更輕鬆，包括你自己在內！試著關注社群媒體中和你想要學習的領域相關的高手，光是動動手指就能學到很多。

- **磨練技巧**。開發你的強項。能力永遠不嫌多，沒有人規定你只能學多少，精進你感興趣的項目，付出努力超越預期的成績，尤其是你喜歡的事。這也是一種自我實現的最佳途徑。

- **有禮貌**。無論是工作上或生活當中，被誤解是很普遍的狀況，每個人都遇過糟糕的日子。溝通是關鍵，但透過電子郵件或其他線上軟體很難正確傳達對方的語氣。這時候請先深呼吸，然後再做出禮貌的回應（千萬不要過於戲劇化）。

- **培養關係**。每一個人，即使是可怕的上司都會有缺乏安全感或遭遇低谷的時候，當然也會有缺點。學習從他人的角度來理解，也試著和通常不太接觸的人建立友誼。這不僅是一種更美好的日常經驗，也代表你能夠和他們站在同一陣線工作，並達到更好的成果。

- **不要遲到**。遲到不是個人的習性使然，而是對其他人

和你自己的時間的不尊重。

- **思考**。試著跳出框架，做批判性思考，提出大膽的建議，在工作場合扮演魔鬼代言人。如果某個想法在實施之前就經不起內部的批評，也不太可能在外部取得成功。雖然不容易，但是大家會認同你的努力，這點我可以保證。

- **大膽一點**。勇敢但有禮貌地提出你的需求，如果你不說出口當然也就得不到。

- **主動**。讓周遭的人工作起來更輕鬆，無須別人提出就知道該做什麼，了解經常出問題的地方，並提前做好計畫。主動會讓你走得更遠。

- **努力一點**。你當然可以只做自己的事，局限在職務的小圈圈裡，照著少做少錯的原則行事。但是付出得少，得到的也不會多。

第三章

跟著心流走

　　我們在前一個章節討論如何完成工作，接下來我想談的是如何真的樂在工作，讓工作不再只是為了得到成果（實現目標、獲得成就、完成任務），而是融入到生活之中。想想看，假使我們能從專注工作當中得到樂趣，那麼生產力就像是一種自我照顧。雖然生產力的話題自然著重在產出，思考如何做得更多更快，但是過程其實同等重要，所以我們也應該享受工作的過程。即使你是那種自我要求很高，甚至將工作置於幸福之上的人，如果越能夠享受工作，工作品質和生活也會越好。享受工作但不過分放縱自己，是一個雙贏的局面。

　　在這個執著於產出的時代，我們很容易就掉入「想要盡可能做很多事，所以很快就把事情做完」的陷阱裡，然後覺得自己大有進展。特別是初入職場時，我們不畏辛苦地蠟燭兩頭燒，這麼做或許能讓你在前五年跟上工作步調，但是如果無法持續下去，從長遠來看也就不會對你的職涯發展有所

成效。我們都會工作好長一陣子，遺憾的是並非所有的工作
都一樣。有些工作追求完成而不是完美，有些則值得花更多
時間和努力，因為這個工作讓你樂在其中，同時幫助你達到
自我實現。我們經常需要在工作「過勞」（Burnout）和工作
「倦怠」（Boreout）之間找到平衡點，兩者的肇因可能截然
不同，但是後遺症狀和避免的方式似乎差不多，那就是透過
仔細留意你如何工作，好讓自己樂在工作。

> ### 倦怠（Boreout）[33]
>
> 工作倦怠和工作過勞的症狀很相似，雖然都和工作量
> 有關，但是引起的原因卻大相逕庭。工作過勞是因為
> 覺得有壓力或長期過度工作所導致，不過如果挑戰性
> 不夠，就可能造成工作倦怠。

　　樂在工作不只是一直做我們喜歡的工作，那樣簡直太
美好了！不是嗎？然而職場世界的現實面從來就不簡單，你
可能擁有喜歡的工作，卻經歷一連串超級厭惡這份工作的過
程——沒有這種經驗的人才奇怪。或者你可能需要做一些慣
常缺乏熱忱的事，但是刻意在中間營造一些微小熱情，讓工

作變得開心、有成就感又效率十足。不同之處就在於你如何融入每一天的工作。

這其中當然有很大部分的個人差異和取決因素，包括目前的職涯階段、家庭狀況、身兼幾份工作、為誰工作、為什麼而工作等等。我知道身為企業領導人的我比其他人多出很多選擇與權力，也可以依照自己的意思決定很多事情。不過每一件事都是相對的，你可以執著於自己無法控制的部分，但長遠來看並無濟於事，也不會帶來任何好處（我沒有任何冒犯的意思，只是實話實說）。這個世界上永遠都有機會比你多或比你少的人，每個人的狀況都不一樣，因此每個人塑造出的每一天也不盡相同。我能做的就是鼓勵你不要比較，把精力專注在你有能力做決定的事情上。你可以把時間和精神都花在莎莉身上，指責她根本不應該抱怨工作，因為她就是自己公司的老闆，而且想要怎麼做就能怎麼做，反觀在一家大企業下工作的你，必須遵循嚴格的規定，或者得看雇主的需求打零工；你也可以專注在如何讓自己的狀況更愉悅。忘記我，忘記莎莉，專注在你自己身上。當你對周遭的一切感到不滿意，其他人卻一帆風順，當然會讓人感到狗屁倒灶、糟糕到底，你完全有資格發牢騷或忌妒，但是你也有責任思

考自己可以如何改變，即使在逆境中也能運用當下的狀況，化逆境為轉機。只要勤於灌溉，那片草地就會更翠綠盎然。為了你自己，你必須專注在自己身上。

　　我們在第一章談到微小熱情和自我實現，現在就讓我們把這個章節當作第一章的實踐版。對我來說，構成幸福與充實工作日（無論當天需要完成哪些任務）的兩個要素，是能夠進入你的心流與自由發揮創意思考。聽起來是不是中肯又不需要在原有的生活做出太大的改變呢？

　　心流的概念，源自於研究快樂學的心理學家米哈里・契克森米哈伊（Mihaly Csikszentmihalyi）的著作《心流：高手都在研究的最優體驗心理學》（*Flow: The Psychology of Optimal Experience*）。米哈里・契克森米哈伊是一位居住在義大利的匈牙利人，孩提時身為戰俘的過往促使他日後寫下具有深遠影響的作品，探討在工作與生活中發現快樂的重要性。他強調，無論你是誰、無論你來自於何處，都需要努力在工作中感到快樂。他指出這個論點並非創舉，而是「人類自古以來就知道的事情」，不過他進行了一項關鍵研究，試圖發現它與我們對工作的感受（尤其是創意性工作）的直接相關性。我們通常把工作上的快樂列為非優先事項，但是既然我們花

這麼多時間在工作上，為什麼不這麼做呢？無論從事的是什麼工作，你都值得從自己擅長的工作中找到快樂。

我喜歡這個概念。根據契克森米哈伊的定義，從事一項任務或工作時，如果能力與面對的挑戰不相上下，就會產生心流的狀態[34]。這項任務或工作可能是解決複雜的數學題、策劃競選活動、陶醉在繪畫中或是用心做料理，任何事都可以。至關重要的是契克森米哈伊透過研究發現，處於心流狀態的人能夠發揮最大的創意與效率，也最快樂。

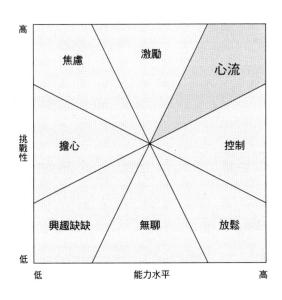

高能力水平＋高挑戰性＝心流[35]

　　這聽起來很像是我們已經談論過的深度工作？答案：是，也不是。就我的觀點，心流存在於深度工作「中」，亦即高能力水平與高挑戰性達到完美平衡的工作。換句話說，只要你在任何時候達到心流狀態，就是處於深度工作中；但是並非所有的深度工作都會達到心流的狀態。

　　你可以把兩者看成如下圖：

深度工作

心流

需要專心但缺乏挑戰性或能力未及的事務

　　或者看成這樣：

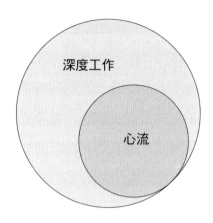

　　在我看來，心流是最佳的深度工作狀態，也是讓你不僅能夠享受工作成果，還可以樂在工作的基本條件。深度工作的益處多得說不完，不但能讓人對成果感到滿足且更愉悅，也能更享受心流的工作過程。我應該算是所謂的工作傻瓜吧！不知道你是否曾經有過那種緩慢卻愉快地做一件事，雖然倍感挑戰但對自己的能力有信心的感覺？那種忘卻了時間，全心沉醉在所做的事情之中的感覺？那就是工作中的快樂，那是一種享受過程而不只是成果的愉悅。我們都值得擁有更多，雖然工作中那一或兩個小時的快樂似乎微不足道，也不算能一直持續不斷，但能夠一直樂在工作，難道不是我們確信其他人都這樣，而且我們也需要的夢想嗎？如同我們

在第一章所討論的，每個人都應當在工作時努力散播愉悅感，如果每天至少能達到一次心流的狀態，就能做到這一點。

截至目前為止，我對心流概念的解釋或許聽起來對生活不會有什麼驚天動地的改變，但是我對心流的熱衷讓我投入時間區段的執行。所以，讓我們先探討理論，然後再談談如何實際執行以改善你的工作日常狀況。

根據契克森米哈伊的理論，心流的體驗和下列十個因素有關（但你不需要隨時隨地或一次擁有這十個因素來達到心流的狀態）[36]：

1. 明確、可實現，但不至於過度簡單的目標。

2. 高度專注與集中的注意力。

3. 本質上有益的活動。

4. 寧靜平和的感覺；忘我。

5. 無時間感；時間感異常；太過專注以至於忘了時間。

6. 立即的反饋。

7. 明白任務是可行的；能力與面臨的挑戰達到平衡。

8. 對於狀況與結果有掌控感。

9. 缺乏生理需求的意識感。

10. 完全專注在活動上。

我發現契克森米哈伊進行這項研究與撰寫書籍的一個有趣現象，兩者都在科技迅速變革的二十世紀時期，而他主張人們需要的是一種正念的工作方式，這部分顯然沒預料到手機在我們生活中所造成的干擾。基於這一點，契克森米哈伊的心流理論及其對工作成就感的重要性更甚於當初。因此，我想再加上一個符合現代的要素，雖然已隱含在「完全專注」這一點，但有鑑於當今的職場世界，我認為有必要特別強調。

11. 如果處於二〇二一年的你達到心流的狀態，你大概已經好一陣子沒拿起手機了。我認為有必要說明心流在現代社會的其中一種狀態，就是無視各種電子產品的通知。處於心流狀態下的我不希望受到任何通知的打擾。這應該是 Z 世代前所未聞的吧？

契克森米哈伊也提到以下的這些狀況，更容易達到心流的狀態[37]：

- 具備特定的目標與行動計畫。

- 是你享受或熱情所在的活動。

- 具挑戰性。

- 能更進一步提升目前的技能。

從意義上來說，契克森米哈伊認為心流可以鼓勵我們學習新技能，並提高我們正在做的事情的挑戰性——如果挑戰性太低，我們會提高挑戰度以達到心流的狀態；如果挑戰性太高，我們則會透過學習新技能來達到心流的境界[38]。因此對我們來說，心流不僅在當下有用，也促使我們（甚至潛意識）對正在做的事情更加熟練，並尋求新的挑戰來增加心流的體驗。換句話說，你不但會在工作上盡心盡力期許自己更進步，同時還能享受更多心流境界。豈不是雙贏！

想要進入心流狀態，一開始好像需要承擔更多或做更多事，但是我希望你能堅持下去。你當然也可以做任何事都過得去就好，沒有人會多說什麼，但是如果你想在最短的時間內在工作中享受快樂並得到良好的成果，那就是進入心流的時候了！心流不是一件苦差事，而是我們能給自己更多的禮物。

　　假使你已經張開雙臂準備迎接心流進到你的生活中，接下來的第一個步驟就是找出能讓你順利進入心流境界的事。進入心流的方法比想像中多很多，而你歷經心流的次數或許也比預期的多更多。畫出一張心智圖似乎一點都不難，也不算是一件具挑戰性的事，有些人覺得不過就是隨手塗鴉一些想法，順便動動腦而已。但是真的沒有其他事比將抽象的概念躍然紙上更能引我進入心流境界。重點不在於這件事是否「符合」心流定義的高能力水平與高挑戰性，而是學習如何意識到自己達到心流的狀態，了解是什麼讓你達到這個境界，然後運用在每一個工作的日常。想一想，哪些工作會讓你忘了時間、全神貫注、有成就感、有一點「我做到了」的感覺，而且一點也不會覺得無聊或自滿，任何讓你有以上這些感覺的事，都可能帶你進入心流。

心流的啟程

　　在理想的狀況下，想要進入心流，只要靜下心來就可以開始了，不過我們都知道這有難度，即使是自己熱愛且擅長的工作也不例外。因此，了解如何進入心流，並在日常生活中增加更多心流體驗，才是最重要的。我們需要建立一個既

定模式來達到完全的優化，這部分有點類似深度工作的啟動力，不同之處在於這項工作已經是我們感興趣並熟練的事，所以也會更容易進入心流的狀態。我認為進入心流的狀態有三個明顯的階段，最貼切的解釋就是把它想像成一次飛行之旅（是的，你沒聽錯）。

心流階段

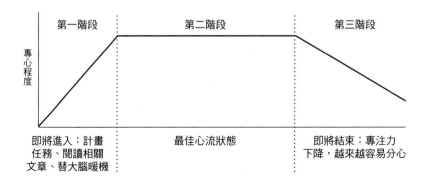

第一階段｜第二階段｜第三階段

專心程度

即將進入：計畫任務、閱讀相關文章、替大腦暖機　｜　最佳心流狀態　｜　即將結束：專注力下降，越來越容易分心

第一階段

飛機即將起飛。引擎已經轟隆作響，我們都很清楚目的地，現在只需要加足馬力準備離地起飛。我通常會給自己十到二十分鐘的「起飛」時間。

意思是：你的起飛時間可能或長或短，端賴是否感覺到

心流的出現。你可能需要從一項非常困難的工作轉換過來，或者因為前面的對話過度激烈，所以很難讓自己靜下心來集中注意力。你或許很容易分心，因此必須強迫自己做某件事以準備讓心流起飛。有時候當我知道自己將要開始做一件需要進入心流狀態的事情時，我會迫不及待地讀一篇文章，然後就這麼「起飛」了！

　　我每天的工作經常包含許多不同的任務，所以也經常提不起勁開始（特別是越到下午的時候），即使是喜歡做的事也一樣。我想說的是，即使是你喜歡而且能讓你進入心流狀態的事，有時候剛開始也會讓你覺得是件苦差事，所以當你還在起飛階段時，請耐心對待自己。有時候當你整天處於壓力之中，輪到處理最後一件事時難免心不在焉、無法集中注意力；雖然你知道做這件事能為自己帶來快樂，也會有所成效，但你只想花最少的腦力來完成它。我知道每當必須在壓力下做自己享受的事情時，我就是自己最大的敵人，我常常覺得應該先把瑣事做完，再沉浸於喜愛的事情上。但是這麼做真的只是讓我陷入短暫滿足的假象之中，也只是解除了一些小壓力，而不是花一個小時做自己喜愛的事並進入心流境界。請試著從錯誤中學習，尤其是自我破壞伸出魔爪時，這

樣你就可以有效地反擊。

第二階段

飛機已升空！現在開始進入平順的滑翔，飛機開啟自動駕駛模式，你正享受著機艙內的娛樂節目，甚至一邊啜飲著免費的香檳，一邊想著該配哪一種鹽味花生（當然也是免費的）。一切都照著既定的航程飛行，你平穩地從工作中進入心流境界，飄飄然地順風而行。

意思是：你正進入正軌！全神貫注地工作，按部就班，對自己的成效充滿信心。我愛死這種感覺了！你知道前方可能出現挑戰，但是你一點也不在意外面的世界，或是有誰可能想要來干擾，你會像你媽以前講電話時請你別吵她那樣，把手舉起來，請他或她現在別打擾。

第三階段

機組人員請注意，飛機即將降落。這個部分有一些不同的情形。在理想的狀況下，你即將抵達心流境界的尾聲，但有時候你需要先下降到停機坪，停下來再加油，重新評估航程。假若燃料不足卻硬要一路飛到底，就不可能得到成效。

這時候你必須接受下降的結果，安全地降落，做好準備之後再次起飛前往同樣的目的地，或是轉接下一個任務。有時候我會意外地「墜機」，需要多花一點時間重新再起，甚至可能拖到一天的尾聲。這部分完全取決於你的決定、工作任務還有當天的狀況。

意思是：這時候你的專注力已經開始流失，也越來越容易分心。你可能蠢蠢欲動地想要查看來電或電子郵件。這些分心也會逐漸在我的心流歷程中發生，我甚至完全沒發現自己正以「搜尋」為名瀏覽一堆網頁，或是不自覺地拿起手機。這些都算平常，無論你有多麼喜歡做某件事，仍然會有只要是人就無法抗拒的極限。

你的心流階段可能和我的不一樣，關鍵在於覺察與實現。假使你無法先了解自己的心流階段，不知道需要花多少時間「起飛」，能「滑翔」多久，或是何時該「停下來加油」，當然就不可能善用它，讓它成為你的優勢。請先傾聽自己，從中學習，然後去實踐。就像我知道自己平常需要十到二十分鐘來「起飛」，但是當我比較累或才剛結束一項非常困難的工作，需要的時間就會更長。你可以記錄這些重複的慣性，

用來了解自己與自己的心流習慣。

如何辨認心流啟動力

　　想讓心流起飛，並朝著效率與成就感的方向前進，需要的是「心流啟動力」。在快節奏與令人分心的生活裡，很少有機會讓我們一躍飛上三千英呎高空，全心進入心流境界。即便你能夠比深度工作更快速地進入心流境界，仍然需要確認是什麼讓你做到的，並在時間區段中設定充足的時間。任何一種深度工作啟動力都適用於此（請見第 78 頁），不過我發現我最喜歡的心流啟動力都與工作任務有關，例如：

- 閱讀相關的文章。
- 觀看相關主題的 Youtube 影片。
- 聆聽相關的 Podcast 節目。
- 瀏覽自己之前做過的相關工作內容。

　　在理想的狀況下，啟動力會讓你忍不住想要即刻開始工作，但你也可能太入迷，例如發現自己閱讀了一篇文章之後就欲罷不能。所以請在開始前先設定投入的時間，並提醒自

己有時候你需要的只是立刻投入其中。

如何在心流中好好照護自己

現在先讓我們做一個小小的檢視。雖然心流經過證實具有高度的益處與成效，但同時也有缺點。就像任何需要全神貫注，以至於「讓人忘了身體需求」的事情一樣，心流也可能讓我們將健康拋在腦後（你一定有過幾個小時前就想上廁所卻離不開辦公桌的經驗）。能夠同時處於心流境界並抽出時間休息非常重要，因為要是在早上十一點就出現短暫的疲態，絕對無助於工作效率或樂在工作。我有太多例子可以分享，當我懷著最佳狀態開始進入心流，然後專注到不想停下來（第三階段從未啟動——這下麻煩了！），我以為自己在做正確的事，並打算一口氣把事情做完，但就在我把事情完成後，我的大腦也耗盡了整天的能量，而當我無法專注在下一場會議或下一個待辦事項時，原本的滿足感也消失了。

讓我舉自己的一個例子，我那時候等不及想要設計一個新系列（先說明清楚，我不是公司的設計師，但是我熱愛時尚，也會在靈感來時選擇性地設計其中一個系列）。設計一個新系列的流程通常需要經過幾個不同的階段，從潮流趨勢

研究、歷時數個月的靈感累積，到跟團隊討論概念與製作能力、腦力激盪，再到畫出個別的成品樣式。這個流程可能耗費一個小時（如果我只需要做其中一兩項）或一整個工作天（如果我需要完全掌控整個拍攝流程與行銷計畫）。

我那天做的第一件事是研究流行趨勢，蒐集之後為設計團隊做簡報的資料。我本來預計從早上九點工作到十一點，接著直到兩點都待在公司回覆來電，然後再進行另一項需要深度工作區塊的事務。但是在做第一件設計系列的工作時，我突然湧現許多關於行銷計畫的想法，也開始將這些想法概念化，甚至很快就知道自己想讓哪個模特兒穿上哪一件作品（我所謂的「很快」是兩個多小時）。由於工作得太順手，以至於把時間區段完全拋在腦後，我不但一通電話也沒回，還把其他事情晾在一邊，因為設計新系列可是一件大事呢！然而到了下午三點，我也用盡了所有的靈感和力氣。

這個時間離下班還早，但是我的大腦已經正式宣告過度使用，我能做的就只是睜著眼睛斜躺在沙發上，覺得很有成就感又精疲力竭，但實際上我只做了當天需要完成的其中幾件事。我應該做的，是事先設定好合理的停損點（超時一點點沒關係），適時去做原本計畫好的電話回覆，兩點之後再

繼續下一項工作，而在短暫休息之後，我的工作品質也會比連續工作三或四個小時還要好得多。我認為把無止盡地賣力工作當成一件好事是錯誤的觀念，如果我能確實按照工作計畫進行，應該會在一天結束之後擁有更大的成就感。

可惜那一天的我在一天結束之後，感到嚴重地停滯（別擔心，這種事不具傳染力！）

成因：

心流過剩，這是一種超出專注極限，使身體幾乎無法負荷的恍惚工作狀態。

症狀：

- 因為忘了吃東西或喝水，導致頭痛或四肢顫抖。
- 無法思考或做任何事，只能整個人躺平，眼睛瞪著天花板，懷疑自己哪裡做錯了。
- 在接下來的時間裡完全無法專注。
- 無法再接觸曾經達到心流狀態的工作，覺得已用盡洪荒之力，永遠、永遠、永遠都不想再看到那樣工作。

上述的這些症狀也可能是深度工作的後遺症，但是這些

症狀比較可能是對自己施加了過大的壓力，而不是工作專注到停不下來所造成的。不過在心流的狀態中更容易導致這些症狀發生，因為尚未達到心流狀態的深度工作，靠的是專注力與紀律。如果你極為享受某項工作，即使知道自己必須停止還是很難說停就停，就很容易落入心流過剩的狀態。當你連續兩個小時不間斷地工作，暗喜自己如此專注投入到可以一直繼續下去的時候，你可能是把成就感錯置在不對的地方。不要忍不住把自己逼到達臨界點，你需要維持健康的工作習慣，好讓心流不僅在你工作的時候出現。假設你需要花十五分鐘讓自己進入一到一個半小時的心流狀態，為了延長心流的時間硬是不結束也不休息，實際上並不會有更多的收穫，反而會失去很多。你最後一定需要做個結束，不如結束在工作「引擎」狀況堪稱良好，還可以繼續起飛的時候。你可能擁有全世界最棒的心流境界，但若過後無法再繼續進行下一個工作，或是永遠不想再回顧之前完成的重要工作，那就只是一個極為短暫且比例微小的心流勝利。為了快速完成工作以至於超乎極限而忽視了健康，將會破壞心流帶來的短期效益與立即滿足感。

達到心流的狀態、心流過剩以及造成心流後遺症之間，

有一個必須謹守的界線，健康的工作習慣就是幫助你找到這個界線的關鍵。慶幸的是，有很多預防措施能夠避免可怕的心流後遺症。

1. 確認你的心流。

① **時間**：你想花多少時間在這次的心流上？我知道自己不會超過兩個小時，因為超過時間或許會讓我在當下產生自我滿足感，但是之後的工作效率會降低。我甚至經常比設定的時間還更慢展開心流，因為我知道自己擁有的是一段時間，而不是一個片刻。工作是流動的，總會把預設的時間都填滿，所以不要搞得又臭又長。不過這當然完全取決於你的個人選擇以及手邊工作的急迫性。就像我發現自己在進行寫作而非業務相關工作時，心流的時間限制就可以拉長，重點在於明白個人對每一項工作的極限。以下提供幾個小技巧：

- 設定心流計時器，提醒該停止的時間。
- 如果後續還有其他待辦事項，請先規劃好心流的時間（建議中間預留三十分鐘的緩衝時間，讓自己放空再回神，或在絕對必要的狀況下將心流的時間延長一點）。

- 拜託同事或朋友在特定的時間來找你，幫助你從欲罷不能的工作中脫身。

② 工作：你想在這段時間裡做哪些工作？這些工作是由哪些較小的任務組成的？當你處於這段工作時間時，請避免增加更多工作，因為你已經有一連串的工作要做。

2. 為生理需求做準備。你永遠不可能比生理需求更強大，所以別想著打敗看不見的敵人！在啟動心流之前，請先確認桌上至少有一公升的水（如果平常沒有喝水的習慣，就再加一根可重複使用的吸管，這樣比較容易多喝水），並時不時為身體補充水分。開始之前也請先填飽肚子，但要避免吃會讓你無法集中精神的食物。（就是在說你啦，洋蔥！）

3. 布置一個舒適的環境。選擇一個不必弓背屈膝或是擠在邊邊角角的工作空間，你應該全神貫注在心流上，而不是一再想著如何變換舒服的姿勢。

4. 劃分不同的空間。規劃一個心流專屬的空間，嘗試讓不同的事情與不同的空間環境產生連結，這樣一到特定的空間時（即使只是從餐桌到沙發），大腦就能自動開啟連結。我的意思不是建議你馬上把家人趕出去，好空出一個房間打理生活瑣事，另一個房間用來進行心流，你需要的只是做出

區分，然後保持冷靜。

5. 換個地方。一旦完成工作，或是想要稍作休息，請移動到另一個地方！進廁所、到廚房晃晃，只要離開你的心流空間，到哪裡都好。因為無論是接個電話，或是真的休息片刻，待在同樣的地方會讓你陷入尷尬的狀態，因為你不會真正的休息，只不過是讓大腦分心到其他一堆事情。建議你可以做一做跳躍運動，或是散散步。

擔心休息過後無法回到心流的狀態嗎？廢話不多說，紀律才是王道。你可能太習慣讓一切自然而然的發生，但是你必須具備能夠激發心流的能力。試著在休息前刻意不完成本來打算完成的工作，或者嘗試海明威「冰山手法」的寫作風格，故意不把句子寫完整，或是在結束之前計畫下一個心流的時間區段。這麼作的目的是為了訓練心流的啟動力，讓你能夠在重新注滿能量之後回到工作上。

我們已經談過如何發現心流以及如何從中獲取最大的助益，剩下的問題就是如何在生活中啟動更多的心流，並確保自己能從工作中得到更多的樂趣。簡單來說，我們可以透過提高能力水平或挑戰性來增加心流的數量，或是學習辨識那

些具備潛能、讓我們更容易進入心流的事，並在訂定計畫時給予它們更多機會與重要性。我最喜歡的方式之一，就是增加工作的挑戰性（雖然聽起來不那麼有趣，但是增加心流等於增加所有的好東西），而且是從我喜好的部分著手（下一頁會有更多和創造力相關的討論）。

　　現在請先問自己：你是否給自己足夠的心流時間呢？如果答案是否定的，是因為你已經被制約，覺得不應該縱容自己花時間在喜歡的工作上，應該做得越快越好，即使多花點時間可以做得更好？還是因為工作上無法讓你這麼做？若是如此，你是否能夠在自己喜歡的領域中扛起更多責任，為每天的工作增加更多的微小熱情？這麼做還有額外的好處，因為以喜愛的模式來打造職業生涯正是最有效益的方法，也會幫助你進階到擁有更多喜愛元素的位置與角色。讓我把話說清楚：心流只是為日常工作增加樂趣與成就感的一種方式，不是唯一，也不一定可行，尤其是在處理低於預期挑戰性的瑣事時。但如果你可以利用心流，每天（或至少每週）徜徉其中，你會發現自己在星期五下班時會有更大的滿足感。

獨一無二的創意

我在 IBM 上班時，必須負責非常繁重的行政瑣事，同事間討論的都是「既然我們在一間科技公司上班，為什麼這件事不能用機器完成」之類的話題。而這份工作讓我覺得有動力的，就是用不同的方式把事情做好。像是修改老闆發布的公告，或是將公司的業務分析報告改成更清楚、更賞心悅目的文件。我漸漸意識到無論做的是什麼，如果能在工作中加入越多創意，就能為工作帶來越多價值，我對「唯獨我在做的事」的成就感也越大。

這裡指的創意，不是畫一幅畫或是在 Instagram 上傳一張修圖照片那種，我指的是處理任何事務的創意，因為每個人都是獨一無二的個體，所以獨一無二的創意可能是更好的形容方式。獨一無二的創意之美有兩個層面：由於無法輕易被他人複製，所以讓你和你的工作更具價值；而在職場上受到重視的感覺，會讓你的生活更感到滿足。這對你和雇主來說，都是一個雙贏的局面。讓自己無可取代，然後對知道自己無可取代感到快樂。

獨一無二的創意

認為創意是每個人獨一無二的能力，因為每一個人都是獨特的，所以對每一件事情的處理方式也會有所不同，而這種獨特性就是一種創意。

　　獨一無二的創意一年比一年更重要。我們生活在一個逐漸自動化、崇尚個人品牌、市場飽和的世界，獨特性就是你的力量和優勢，它能讓你從越來越精細、越來越容易取得的科技中脫穎而出。「我們活在一個機械世界裡」這句話聽起來像是反烏托邦的感嘆，然而從現實和積極的角度來看，機器替人類解決了很多無聊事，自動化在某種程度上是偉大的發明，因為它讓人類可以利用我們的大腦去做只有人類能做的事情，並得以發揮個人的力量。創新在各個層面都有越來越大的需求，我指的不僅是技術的創新或新型企業的創立，而是能為日常生活帶來嶄新型態的創意。

　　我一直對教育體系不重視創造力感到憂心，各單位對藝術方面所投入的資金也似乎節節下降。雖然學校裡也有一些制式化的藝術課程，像是美術和音樂，但除此之外就沒有其他選擇，也很少鼓勵學生接觸不同的創意形式。我們被教育

成乖乖在框框裡打勾拿分數，用「正確」的方式做就好不要想太多，更不能想要用不一樣的方式創造出新答案，甚至認為只要乖乖聽話按照要求去做就是一種優點——我們應該都有這經驗。然而事實上一旦出了校門之後，我們面對的是一個越來越高度重視創造力的世界。

把事情做對有很多方式，而其中最好的，就是用你獨特的方法。這是你應該為自己（和手邊的工作）做到的，用你自己而不是其他人的方式來完成你的工作。這一切當然取決於我們在每一項事務中可以做到的程度，不過我真的相信我們可以做到的，絕對超出那幾個可以勾選的框框。在你讓自己自由探索其他可能的答案或過程的那一刻，我保證你將會發現自己更享受這一段旅程。

我發現創意啟動力就如同其他的啟動力一樣，對提高我的工作創造力越來越重要。你的創意啟動力可能跟我的不盡相同，畢竟「獨一無二的創意」不是隨口說的，不過其中有幾個啟動力放諸四海皆準。請找出你的創意啟動力，使用它們，然後視需求輪流試試看，並相信這麼做將會帶來改變。我想強調的是，即使你認為自己的工作在傳統認知上不需要用到創意，這些啟動力還是有其用處，而且使用的頻率越高，

你的工作品質也會越好，因為獨一無二的創意連最乏味的事務都能夠滲透融入。創意就是創新的動力，讓我們一起轉動創意的齒輪吧！

創意的啟動力就像是入睡前漸漸渙散的思緒，你必須解開自我束縛，讓思想自由奔騰。我知道自己接下來要說的話大概很像你媽，但是如果這時候你的手機還擺在觸手可及的地方，你的創意思緒也不可能起任何的作用。所以請把手機留在另一個房間，或者乾脆調成勿擾模式。若是你真的想尋求創意，請不要半途而廢，而是要全力以赴。

若從如何在生活中融入創意啟動力的思考脈絡來看，創意啟動力可以分成「即時啟動力」與「生活方式啟動力」兩類。平常隨處需要創意時，即時啟動力就可以派上用場；但是如果你想在心流狀態或深度工作中加入創意，就必須在日常生活與習慣當中增添更多的生活方式啟動力，以獲得更持久的創意。

即時創意啟動力

你無法一次全用上這些啟動力，有些對你來說甚至可能完全沒道理。請試試看，然後從中找出適用的（我可能要在

接下來的句子後面都加上這一句，因為事實真是如此），我的選擇則完全取決於當下的心情或大腦容量。如果是社交類的活動，我通常需要安靜；若是文書處理等辦公事務，就需要來點刺激的。建議大家可以多試幾次，把行不通的去除，記住可行的方式，然後多多運用。

1. 閱讀。讀幾頁你喜歡的書，這麼做能夠攪動你的思緒，刺激你的靈感。

2. 寫作。隨心所欲地寫幾個句子，寫什麼都可以（可以是一天的想法或是你的感覺），讓你的大腦在紙上揮灑——我發現最奇怪的句子真的能激發出創意。

3. 畫一張心智圖。這是我個人的最愛！不必是完整的心智圖，也不必寫出所有的想法，你會訝異雖然只是幾個簡單的字，聯想起來卻能對即將展開的工作帶來很大的影響。

4. 塗鴉。讓你的思緒自由奔馳，隨手在紙上畫一些不相關的塗鴉。就畫個火柴人和你周圍的景象吧！

5. 聽 Podcast。最好是和你接下來要做的事有關的（無關的倒也無妨）。我覺得 Podcast 有如聊天的內容對我最有幫助，就像聽朋友說話一樣。我發現十到十五分鐘的節目能幫

助我從分心的狀態聚焦，讓大腦做好想點子的準備。

6. 和朋友聊一聊。和朋友聊聊接下來要做的事，或許能幫你換個角度思考，或是讓你探討的論點更深入，也可能帶給你從來不曾思考過的新想法。多出另一種意見沒什麼不好，就像人們說的，直到你有本事教別人之前，其實都不確定怎麼做才是正確的。

7. 期待你的夢想典禮。（不是結婚典禮，除非你有這個計畫。）完成工作之後，你希望別人給出什麼樣的評語？是「創新」還是「耳目一新」？無論希望別人怎麼說，你都需要先設立一個目標，然後朝著實現目標的方向前進。這就是我每次為了寫這本書而苦苦掙扎時所做的，尤其是在我決定是否要寫這本書的時候，我思考著自己希望這本書能為讀者的生活增添什麼？希望探討哪些議題？這兩個問題幫助我在腦海裡將一切定位，明確知道自己想要努力的方向。我就把評審的棒子交給各位，看看我是否做到了！

8. 改變周遭環境。如果可以的話，散步到附近的咖啡館或是到公園小坐一會兒，換個環境總是有幫助。一直坐在辦公桌前不一定就是最能激起腦力的地方，特別是你已經坐了一整天之後。

9. 觀看 TED 演講。看的時候請專心並作筆記，寫出你同意和不同意的觀點，激發出批判性思考，你的創造力也會接踵而至。

生活方式創意啟動力

這些啟動力能廣泛成為日常生活的一種方式，雖然無法臨時將它們融入心流或深度工作之中，不過絕對值得投入時間、空間和心力，以換得一天的創造力。

1. 放空。這是其中最重要的啟動力，而且能透過多種不同的方式。用你覺得最適當的方式讓自己的腦袋放空，或許是透過立即啟動力，像是運動、跑步、冥想、散步、沖澡等等。每天至少一次，讓你的大腦暫時遠離圍繞在周圍的繁忙世界，為創意點子留出發想的空間。

2. 休息一下。如果不適時休息一下，你的大腦可能沒有足夠的空間讓創意產生。有時候你的大腦需要實施「一進一出」的規則（就像星期六擠滿人的酒吧），好讓新點子有地方進駐。當然啦，你不可能隨時想休息就休息，尤其是手邊有緊急事件需要即時發揮創造力時，不過如果可以的話，請

挪出十分鐘來休息。

3. 做點有趣的事。 在休息時間裡走出辦公室，讓大腦「玩一玩」，擺脫那些你可能身陷其中還不知的渾沌思緒。

4. 和不同的人聊天。 別讓自己整天待在同溫層裡，多和不同的人互動。與人達成一致的共識很重要，和與自己理念相同的人討論共同熱愛的話題真的超棒，不過還是要多多與不同的人交流，否則你的點子和信念可能會停滯不前。

同溫層（Echo Chamber）[39]

一個所有人和自己的信念或觀點都相同的環境，也因此強化了現存的信念，不去考慮其他的想法。

---

5. 停止追求完美。 一張空白的紙有時候會讓你的創造力卻步，所以別想太多，就開始吧！我們很容易左思右想，直到覺得正確了或正是我們想要的才下筆。完美是你的敵人！你需要的不是完美作品，而是做出作品來。我寫這本書所遇到最大的困難就是開始。然而我一但接受每一章節的第一句話在最後一定會被刪除的想法，就變得輕鬆順利多了。開始就對了！

6. 改變一下。你最近的慣例是否不像以前那麼有效？那就給自己一點彈性改變一下。有時候只是稍微調整一下早晨作息的先後順序就能有幫助，嘗試一些不同的改變，就算只有一天也好，你會訝異擺脫常規之後帶來的新氣象。

7. 睡久一點、睡好一點。睡眠非常重要，而且幾乎和每一件事都有關係。可以肯定的是，如果睡眠不足，首當其衝被影響的就是創造力。如果你不相信，請閱讀馬修‧沃克（Matthew Walker）的《為什麼要睡覺？》（*Why We Sleep*）。

說了這麼多，怎麼知道何時該花時間畫心智圖、散步到附近的咖啡館、開啟獨一無二的創意？什麼時候又該盡快做個了結，因為完成才是最重要的？還有，我們如何在看起來不怎麼歡迎創意的工作場所加入創造力？這一切都和了解你的工作任務與對象息息相關。

假使你的上司只需要一些資料，你可能不必使盡全力花時間做一份完整的簡報，只為了表現自己擁有獨特的工作力。你需要能夠判斷怎麼做才合適、才能發揮最大的工作價值。如果你需要花三倍的時間來讓資料美美的，肯定增加不了太多價值。沒什麼比明明需要快一點，卻因為有人想要炫耀創

意而必須苦等更讓人沮喪了！為了確認情況，你可以透過以下的問題來判斷：

了解工作任務

- 這項工作的期限。你有多少時間能以不同方式思考？

- 如果時間不多，那就等下一個能展現創意的機會。不過如果以長遠來看另一種作法會更快，但是初期需要花的時間比較長，或許你該先花一點時間在新的流程上，為下一次做準備。

- 這項工作必須這麼做，是因為需求和時間限制，或是「一直以來都這麼做」？

- 你是否認為這已經是實現這項工作的最佳方式？

- 花時間為這項工作加入創意能否增加價值？當你已經用了最佳方式，卻只增加 0.0001 的價值，是否還值得花時間和精力去做？

了解你的對象就比較微妙了。因為你不但想取悅你的上司，也希望能夠享受工作的過程，同時加入個人獨一無二的創意。這部分可能需要經歷幾次錯誤嘗試，才能找出平衡點，

這同時也取決於其他人對變化的接受程度。不過還是有一些問題能夠幫助你：

了解你的對象

- 你覺得上司對於工作方式上的改變會有什麼反應？若是不確定，試問自己下列這幾個問題：
  - 他們是不是常常用不同的方式做事情？
  - 他們會不會跟你分享想法？你是不是覺得自己也可以這麼做？
  - 他們之前對改變有什麼反應？
  - 你認為他們的管理風格屬於「微管理」（Micro-managing）嗎？
  - 你被要求或委託完成某項工作時，是否有非常清楚且詳細的指示，或只是簡短且沒太多限制的說明？
  - 你為之工作的這個人是不是該領域的專家，或你才是更有資歷的人？
- 即使你的上司不像是個能夠欣賞用不同方式做事情的人，並不代表你永遠不該試試看，重點是你該怎麼進行。以下提供幾個方式：

—在上司交派工作時就和他們討論你的方式，不要等到完成之後再說。

—以建議或提問的方式說出你的方法，而不是「已經決定的方法」。

—策略性地提出你的計畫，再提出最有信心的部分，建立上司對你的信任。

以上建議都能幫助你將獨一無二的創意帶入工作中。

只要越了解你的對象和工作任務，你就會越有自信，也就越能夠充分發揮創意。擁有創造並運用獨一無二創意的能力，和你有多相信自己與自己的想法有直接關係，而你也應該為了自己變得有足夠的信心，讓你的創意成為常態。為了做到這一點，你必須能夠接受失敗。自信是關鍵，但高傲絕對不是你的朋友。剛開始的你不太可能凡事都做對，但是沒關係，因為你可能沒意識到自己對某些事情的想法實際上並不是最好的。這時候失敗是件好事，它會成為你的助力。

以下是幾個幫助你從失敗中建立信心的方法：

1. 找出你的支持者。 在階級分明的工作場域中，你需要

支持者。誰相信你、肯定你的努力？如果你還不知道有哪一個（或哪幾個）支持者，你需要找到他們。這些人對你的信任不但能夠幫助你建立自信，也能夠提供可靠的支持，並在會議中支持你的想法。

2. 對話交流。就像找到支持者一樣，你需要讓周遭的人懂你。和經理或上司談談你希望做一些不同事情的想法，看看他們的反應如何。然後再根據他們的反應來衡量怎麼做以及什麼時候適合進行。如果他們似乎抱持開放態度，讓他們知道你會如何執行，並且會在期限之前完成，以便為錯誤和回饋留出空間。他們應該會欣賞你對執行某個可能行不通的做法的用心，也會欣賞你為此預留了即時改正的時間。這麼做能夠減輕一點身為員工或承包商的壓力，假如你的經理對結果不甚滿意，你還有時間能調整。這會給你更多工作上的自由，不必一直擔心一定要做「對」，或害怕自己毀了整個計畫。

3. 嘗試錯誤。勇於做新嘗試，並承認可能出錯。不如提出兩個不同的工作計畫，一個是你平常的做法，另一個稍微改變一下。這麼做同樣能減輕一點壓力，因為你已經準備好備案。

4. 接受批評。你不一定同意對方的說法，但只要你為「別人」做事（大多數的我們都是，對方可能是上司、客戶或投資者），你就必須承受批評。你當然可以卯足力為自己提出解釋，但是如果同樣的批評不斷出現，你就必須問自己為什麼。因為相同的批評一再出現（無論你同意與否），一定有原因。

5. 壓力測試。這是現階段最重要的一點，除了能增加你的信心，還能成為工作的助力。還記得我們曾經提到發揮創意的同時也能把工作做好嗎？這就是壓力測試發揮功能的時刻。在上呈任何工作計畫之前，你需要預期他人對你的想法或做法可能會有哪些批評，你也不可能總是在真正進行計畫之前找二十個人給意見，所以你需要找出一些方法來精進自己的計畫。即便如此，你還是不會每一次都做對（畢竟我們都只是凡人），但至少能針對明顯的問題先找出答案，也讓計畫更臻完美。在交出創意計畫之前，請先試試以下的壓力測試：

- **強迫自己找出三個缺點**（有點像 SWOT 分析中的 W 和 T），然後找出解決方法。如果你不知道答案，無論是新的生意或只是完成工作的新方案，都代表你必

須進行更深入的理解。這個壓力測試能促使你不斷修正想法，同時坦然接受需要改進的缺點。我們常誤以為第一次的想法就能十全十美，但這種情況其實很少見。

- **大聲說出來**。將你寫的計畫或電子郵件的內容大聲念出來。不是在心裡默念！念給朋友聽，或是在鏡子前念給自己聽，我保證你每一次都能發現錯誤或需要修正的地方。

- **花點時間思考**。如果有充分的時間，就別急著做決定，等一天或兩天之後再思考看看這個決定是否還是好主意。

SWOT 分析

又稱強弱危機分析，SWOT 分別是優勢（Strength）、劣勢（Weakness）、機會（Opportunity）與威脅（Threat）的縮寫。

---

6. 做好失敗的心理準備，並將之視為成功的一部分。失敗了沒關係，只要你能從失敗中學習，就能重新步上正軌。

你越能以平常心接受失敗，就越能夠擁有敏銳的判斷力。

　　說實話，過去一年對我來說猶如一場漫長的工作對上生活的危機。我知道自己有幸還能擁有一份工作，也時時提醒自己有多幸運，屬於非常少數真的熱愛自己工作的人。我意識到自己熱愛的是這份工作的理念，我經營的公司擁有信念，是我一手建立起來的，我也每天跟著這家公司一起成長。然而我也發現自己其實很討厭每天的例行公事，我努力讓自己表現得像個執行長，卻忽略了在這個職位上的我所代表的意義：為什麼在這個位置上的是我而不是其他人？為什麼我是這個職位的最佳人選？我似乎把重心放在這個職位與頭銜，而忘了展現我的個人優勢。讓我誤以為自己必須從這兩個角色中做選擇的原因有很多，其中包括自我懷疑、框架限制，還有以為工作應該是為了特定回報而必須完成的苦差事。

　　雖然工作或許不為別的，只是為了有錢付帳單，但我們還是可以盡可能在工作中加入喜歡的元素，來降低可怕的星期一憂鬱症候群，並改進工作的方式。我們需要在厭惡自己的工作但又必須得做才有錢付帳單，以及烏托邦式熱愛工作的每一秒並投注熱情之間找到一個立足點。雖然有些人可能因為工作性質以及一次做多份工作，所以更難找到這個立足

點，但我堅信這個立足點一定存在，只要能夠破除不切實際的想法或化悲觀為正面積極，將我們渴望的付諸實現，就能做得到。

　　讓我改變的契機，是當我強迫自己去發現微小熱情（我甚至不知道自己擁有這些熱情）並強化心流的時候。我藉由自主學習來提升自己的技能與面對挑戰，努力在喜愛的領域中更上一層樓。除了自學我覺得自己需要知道的知識之外，也閱讀更多感興趣和熱衷議題的書。我開始減少把自己厭惡的工作全塞進一個時間區段，選擇增加能讓我進入心流狀態或是能增添個人獨一無二創意的工作。我讓心流成為工作的主體，強迫自己遵循時間區段來完成每一個計畫。而這其中有很大一部分的過程，是學習拋開不能或不應該把時間花在我熱愛的事情上的信念。除此之外，我還把時間投入在理論上不需要去做的事情，但是我知道這些都會是一個挑戰並指引我走向想要的職涯之路。你知道嗎？我甚至已經預見了做這些事情的益處。我比之前更享受日常生活，更常使用我的大腦，也更珍惜自己跟我的工作。我也必須說，我比大多數人享有更多的工作自由，但是我不能把全部的工作都放在微小熱情，我還有更大的責任，也有很多事情需要完成，我的

工作不只是一個嗜好，因為很多人的生計都仰賴於此。每天總會有一堆我討厭做但不得不去做的事，這個章節也不是關於「只做你熱愛的事，其他的不去管」。我們能做的，是停止尋求他人的認可和在框框裡打勾，將精力投入能造就自己的工作上。

> ### 自主學習（Autodidacticism）
> 簡單說，就是自學。

　　這不是放縱，從長遠來看這麼做會更有生產力及效率。即使純粹以生產力來看，心流和獨一無二的創意不僅能讓你出類拔萃，也會幫助你不至於在工作上感到無趣。我們需要調整日常生活，讓微小熱情和心流融入其中，這樣才能真正享受朝九到晚五以及晚五到朝九的時間。你值得幸福的生活（聽起來理所當然，但有時很容易忘記），若你想想一天當中花在工作上的時間，就能明白讓自己樂在其中將會有多大的不同！所以，請學習判斷你的心流，感受其中的細微差別──如何控制、增加、享受它。善用你的優勢，找出你喜愛的部分，然後多做幾次。這個世界終於能讓你將事業建立

在自己熱愛的事物上，並將你所愛的融入事業中。請盡你所
能地把握住這個機會。

第四章

成功的定義

　　學生時期的我不曾真正想過自己長大後想要成為什麼樣的人，也沒有一個明確的目標。十歲、十四歲和十八歲的格蕾絲只知道她絕對要成為成功人士。志向很大吧？！

　　我想很多人都會這麼回答，畢竟沒有哪個小孩一出生就很清楚知道成功的樣貌。我們對成功的想法隨著年齡漸漸成形，在尚未受到現實影響與限制前，我們開始夢想自己在希望活得長久的生命中的成就。我們對成功的看法開始緩慢且穩定地逐漸勾勒成型，現在想起來，我有段時間想當律師，後來變成總理，然後是一家大企業的執行長。不過小格蕾絲對她的大志向一直保持低調。我最津津樂道的家庭故事之一，是我的妹妹芙蘿拉最為人所知的事蹟，那一年她在整個小學集會上被問到長大之後想做什麼時，自信地在大家面前宣布「我想要當新娘子！」我向她保證我會重新修飾一下這個故事，讓大家知道她的女權主義思想已然不同。

　　你可能會回想自己童年時期對未來工作的想望，然後對自己的想法有多天真和不切實際而忍不住翻白眼。但是隨著年齡增長，我們對成功的看法也詭異地越來越遙不可及。我們不再嘗試釐清成功對自己的意義，或許是因為我們開始架設「職涯階梯」時，也明確定義了成功在特定領域中的標準，像是在巴黎時裝週展示一組系列設計、成為國際性報社總編輯，或是開設連鎖美容沙龍。我們製造了一個沒有固定形狀的成功泡泡，我們完全在這個泡泡之外，無論怎麼嘗試，可能五年、十五年或二十五年都無法進入泡泡裡。

　　成功一直是一個難以定論的概念，工業化、資本主義以及如神話般的美國夢更加劇了這個概念的困難度。成功在過去的幾個世紀當中都有一個明確的概念，出於某種原因，我的腦海中立刻出現一九五〇年代的場景，那年代有著極為鮮明的刻板印象，中產階級女性如果嫁得好、有快樂的孩子和一間乾淨的房子，就是成功勝利組；男性則必須攀上事業高峰，忙得連與孩子互動的時間都沒有，就是成功人士。幸好我們經歷了重大的社會轉型，並且開始擁有更多選擇，所謂成功的樣貌變得越來越模糊，也越來越難定義。我絕對不認為我們應該限制對工作的想像與啟發，或是回到公然厭女、

種族歧視和充斥階級主義的一九五〇年代（更何況我們也還沒完全走出那個年代），不過值得深思的是，現代職場創造了一種選擇危機，也促使我們常常在不自覺的情況下，探詢完全不同的成功意義。

其實我們不必費心就能找到這些不同以往的成功人士，我們每天都被其他人的成功轟炸，以至於開始苦惱什麼還沒做，自己應該在哪個位置，可以有什麼成就。而看似民主的社群傳播，往往在我們不注意之下演變成了名人當道的文化。我們從前也能從雜誌版面上看見名人，和現在從手機螢幕上看有什麼不一樣？現在碧昂絲（Beyoncé）和你同學的照片都在同一個框框裡，你也可以輕易從朋友的訂婚照片跳到金·卡戴珊（Kim Kardashian）的萬聖節裝扮，或是知道傑夫·貝佐斯（Jeff Bezos）什麼時候又賺了另一個十億。我們不再從遙遠的城市崇拜一個從三歲就綻放光芒且買了一棟房子的童星，反而更像是打開手機追蹤一個似乎和我們沒兩樣的人，而他們投射出的精彩人生片段，讓我們不可能不與之相比較，所以我們不自覺地拿自己的成就和這些人相比，然後無可避免地發現自己根本追不上人家。這種無形的「共鳴感」將成功的指標高高設立在一般人幾乎無法到達的高處，基本上我們

和所關注名人之間的距離被大幅地拉近，近到讓我們忘記自己的生活與處境和他們有多大的差異。我們看不到這些名人每則貼文背後的團隊、擁有的特權、投入的時間、機運，以及其他所有的一切，因此我們對於什麼是成功的概念也被扭曲得面目全非，就像一條橡皮筋被過度拉扯，無法再彈回原來的形狀。我們都在貼文上看到成功的樣貌，卻沒想過在耀眼的照片、按讚人數、分享次數背後，成功在我們的生活中究竟具有什麼意義。

　　我很清楚自己也是罪魁禍首之一，我承認自己在網路上分享好事的次數大概多過壞事的十倍以上，我也不會刻意想要上傳低落的訊息來讓兩者平衡一點。我想其它人應該也是如此，然而我們可以做更多事情來改進這一點。雖然社群媒體上有越來越多人開始願意分享自己的不完美和缺點，但在某個程度上比較像是追點閱率的手段。即使有時候是真實的坦誠分享，但也有可能是為了贏取追蹤者的關注和讚許，讓個人顯得與眾不同。我對社群媒體創造的這種虛假感到憂心，因為許多人會為了名聲和商業利益，製造與分享並不真實存在的脆弱。這也表示如果名人的真實生活以往都被一層面紗所掩蓋，現在更變本加厲地在共同脆弱性的擴散下，完全偽

裝到幾乎不可能被看到。或許是我太多疑。雖然我深知分享脆弱的網路效益，但這麼做需要我大多數時間都缺乏的龐大精力。在千萬個不認識（和幾百個熟識）的人面前袒露自己的人生低潮需要很大的勇氣，在這個前提之下，如果一切都是真實無欺的，確實值得人們的讚許。

　　事實上，成功是由機會、特權、努力和時機造就而來，這裡頭錯綜複雜，深受生活中的每一個機遇影響。如同麥爾坎‧葛拉威爾在《異數》所言：「我們無法和過往切割。」[40]所以讓我談談我自己（這應該是 Z 世代最愛做的事？），我認為若不開誠布公地把自己掏出來，又怎能引導你理解成功對你的意義呢？我上的是私立學校，接著進入牛津大學，我是個白人，我的家庭很開放，從來不逼我往某個領域發展。我在倫敦長大，這是一個已開發國家的首都，從未經歷過戰爭或天災，所以我每晚上床睡覺時幾乎可以肯定隔天醒來後這個家依然完好無缺。簡而言之，我一直都很幸福、幸運。我十三歲搬到倫敦之後就開始工作，不是我「必須」賺錢，而是嫉妒私立學校裡的朋友們口袋都有錢可以逛街購物，而我每個月只能從爸媽那裡拿到二十五英鎊（約新台幣九百六十二元）的零用錢。（我承認當時覺得自己很厲害，但現在

回想起來反而有點驚嚇。）我一直都是接受私校教育──大多是拿獎學金（但之前花了很多錢學過幾年音樂。）我以為像我這種背景的人不可能真的「白手起家」，畢竟這個社會受到許多操控。然而在備受呵護的家庭中出生成長，讓我擁有更多其他人可能不曾想過的創業途徑，我所處的環境允許我花時間追求具有潛在風險的決定，比如創業，沒有多少人可以做同樣的事。即使我的父母親沒有投資半毛錢，或是他們直到幾年前才真正知道我擁有一家公司，但是我的確或多或少受到他們的影響。

　　說了這麼多，無非是希望當你瀏覽我的 Instagram 或是在這本書的折口看到我的個人簡介時，能夠擺脫本能上想要比較的心態，先理解現實中造就每個成功的因素。我寧願先清楚說明一切，而不是在缺乏必要的背景考量之下，描述二十三歲的成功應該是什麼樣貌。跟隨激勵你的人的腳步是一件很棒的事，然而你必須負責任地設立界線。所以在你根據我的「成功」評斷自己的成就時，請先自問是否也曾擁有同樣的機會。這些機會當然不是平白無故地從天而降，如果我不是接受私校教育、中產階級、白種人、身強體壯、長得纖細苗條、來自一個安定和平的國家，我絕對得花更多努力、吃

更多苦才能成功。我無意為任何人辯駁，或是阻止你嘗試去做，只是我們都生活在一個不平等的社會中，所以我必須讓大家用正確的觀點來看待我的故事。然而到了最後，你的故事會是關於你自己，不是你追隨的人，或者你的同事還是老同學。在你定義屬於你的成功之前，你註定會打敗仗。不是因為你無法到達其他人抵達的地方，而是因為你不可能期待過著其他人的平行人生。這就像拿自己的人生第三章和別人的第二十章相比，或者將你的小說和他們的寵物編織書相比。

　　我思考得越多，就越相信我們需要開始有意識地將成功視為相對概念。這不算是什麼開創性發現，只是我個人認定的現實面，除非找出成功對我而言所代表的意義，否則我永遠不會感受到成功，如果感受不到成功，也就永遠不會成功。我無意低估環境所扮演的角色，我們的出身可能會限制或擴大自己對未來的自我期許，也可能幫助或阻礙我們實現夢想。我從小就夢想成為企業執行長或握有權勢的律師，這多少和我有幸擁有的美好童年有關，因為這些角色在傳統上並非由女性擔任，但我絕對看到很多像我一樣且出身背景相同的人站上高位。不過，我所謂將成功視為相對概念的意思，並不是要人們乖乖待在自己的「現實圈」裡，這對來自弱勢

背景的人來說是一種極大的不公平。你可以懷抱遠大的目標，漠視他人對你設下的所有期待，然而唯有那些目標全然屬於你自己，獨立於你跟隨的那些腳步，才能顯現出真正的價值。得到啟發、激勵自己、環伺他人走過的路，然後創造出你自己的路。

我希望你能誠實面對自己，思考你想要的是什麼？缺少什麼？缺乏的那些會影響你嗎？或許吧！但會阻礙你嗎？絕對不可能！

每個人都能夠成功、獲得成功、慶祝成功，一切全取決於你想要的是什麼，還有成功對你來說代表什麼。我的意思不是你的個人成功不能和傳統的成功觀念一致，只不過我們日益沉迷於得到外來的肯定，而忘了其他可能性的存在。我們不僅過於在意別人發布的消息，也在意自己發布的消息是否具可看性。社群媒體不但把我們和他人比較的本能激發到近乎癡迷的地步，也改變了我們對成功的感覺。身為認定成功等同於受到外在認可的一代，我可是歷經許多反省和不安才發現我錯了。

如果不發布消息，我好像就不會知道成功是什麼感覺。我記得自己十五歲的時候在網路上發布被學校錄取的消息，

被錄取對我的意義比不上在網路上展示自己有多聰明才能錄
取那間學校。畢竟如果森林裡的一棵樹倒在地上，而你沒有
告訴你的朋友、你的朋友的朋友、他們的表親、他們的表親
的阿姨的繼母的乾兒子，那麼發生在那棵樹的事還算是真的
發生嗎？我們對於在社群媒體分享成功的渴望，就像宣告年
度成就的循環賽，每一天都要有進度。這也沒什麼錯，每個
人都想上傳升遷或是文章登上頭條版面的貼文（我會第一個
舉手承認）。讓我們回到馬斯洛的需求理論，其中的被愛與
歸屬感是我們的心理需求（就位在基本生存的上一層），所
以人類渴望這種認同感是很自然的行為。社群媒體打開了一
個全新的愛與歸屬感通道。然而這似乎發展到「如果成功沒
得到社群的認同就毫無意義」的地步。當我們取得小成就，
我們可能會昭告朋友、同事或家人，但它永遠不會是終極且
耀眼的＃成功，除非被廣泛分享和認可。

　　那麼為什麼即使最後獲得認同，我們依然不覺得自己真
正成功呢？我們可以在社群媒體上貼文，昭告大眾自己最近
的成就，但是只要新增其他的貼文，那些好不容易得到的成
就便立即消失在網路中，而我們又回到了原點。按讚或回應的
人沒了，有人上傳了另一則搶眼的貼文，我們也跟著輸送帶被

推到另一個人或自己的背後。我們得到的認同太過短暫，無法有任何持續的價值或滿足感，然後我們發現自己渴望得到另一次的關注。所以我們立即向前更進一步，做得更多、成就更多、發布更多貼文。這樣的心態確實讓我們持續奮鬥取得成就，但最終的結果卻具有極大的破壞性。我們彷彿期望個人的成功要像新聞一樣快速更新。想要阻止那條輸送帶的唯一方法，就是想辦法離開，把成功帶到其他地方，讓輸送帶在沒有我們的情況下繼續運行。雖然我們還是可以從表面的慶祝成功中獲益，但我們需要向內尋求成功的價值，我們必須停下來問自己：為什麼想要成功？我敢肯定，答案一定不是真的想要「讓別人看見我們是成功的」。除非做到這一點，否則就永遠無法擺脫無止盡循環的「努力、努力、再努力」，「生產、生產、再生產」，「達成、達成、再達成」。

　　換句話說，我們必須停止向四周探尋，而是專注在自己身上，讓我們完全以自我為中心來看待成功。拒絕接受成功只屬於少數人的想法；拒絕相信成功只能是做大事的那種，不能是享受過程中累積的、微小的、自我實現的成功；拒絕認同當你做了某件事卻沒有達成「最終目標」就不能慶祝成功的觀念。成功不是成或不成。你可以選擇定義自己的成功

並努力讓自己成功。儘管這個世界上總是有人比你更成功，但你值得在人生中擁有成功。

所以，我會再問一次。

對你來說，成功是什麼？

對你個人而言，成功是什麼樣貌？

什麼會讓你在今天成功？明天呢？明年呢？

如果我們想要從對終極目標的追求，轉移到珍視過程中的每一步，就必須先從改變對成功的想法開始。

我們對成功的想法，有很大部分源自童年時期將考試成績當作衡量學業成就的標準，而最近也有很多的爭議，探討這是否為最有益處的方式。評估學習成效的原因很多，也顯然很重要，我們會在之後探討設立目標的好處。但是年紀輕輕就開始將成功與人氣光環和特定讚許連結在一起，肯定會成為注重結果而不是過程的人。我認為我們需要開始將成功視為一種存在於每個階段，具有持續性、可變性、可實現性的目標，即與第一章所探討的人生目的保持一致。我們必須隨時以某種方式給自己成功的機會，否則就等於不斷地把自己往失敗的坑裡推。

如果想從成就中獲得持續性的滿足感，就需要計畫、思

考和設定時間來定義、實現、慶祝我們的成功。如果我花更多時間寫下具體並有意義的目標，達成目標時就能夠實際地慶祝，甚至充滿鬥志。相反地，我卻像無頭蒼蠅一樣，花太多精力到處飛來飛去，試圖飛到下一個目的地。我剝奪了自己的「成功機會」，才半天就忘了這件事，因為我不斷地繼續做下一件事，還試圖做得更好、承擔更多。雖然我確信這些人格特質是造就我之所以能夠「成功」的部分因素，卻也是讓我無法享受這份成功的原因。這麼說好像有點不懂珍惜或感恩，但這個章節對我和其他有相同感覺的人來說，都將深具意義。

　　想要定義成功，就需要先接受成功有不同的形式和面貌。它不是一個目標，也不是最後的終點線；成功有很多條終點線，也同時存在於我們生活中的各個領域。為了享受成功帶來的外在光環與內在滿足感，我們需要理解經常影響我們定義成功的因素。身為社會的一分子，我們尚未完全擺脫歷史的刻板印象，像是女性需要擁有安定的生活和幸福的浪漫關係（最好還有兩個小孩），這樣她的成就後面就不會有「可是」這兩個字跟著。女性受喜愛程度和專業成就之間往往傾向負相關——在職場上越有成就的女性，越不討人喜歡（越

冷酷、越機車）。但與此同時，許多男性既能享受工作上的成功，也不會因為缺乏穩定關係就覺得自己有所欠缺。不過身為男性比較會受到社會期待的影響，像是一個男人必須擔負起養家的責任，在財務上也要充裕才算成功。說這些不是想讓人覺得沮喪（這只是舉例罷了，也不一定適用於所有人），只是我們無法在對無異是偏見渾然不覺的情況下，確定成功對你的真正意義。到時候，你也才能夠以批判性的眼光來決定對抗這些偏見，還是選擇和偏見站同一陣線。這也是能夠讓你以獨立思考的自己來面對這個世界的事情。你必須盡可能從這些社會期待中解脫，創造屬於自己的期待。

　　對我來說，設立一個具體目標，展望未來十年、五年、明日或今日的自己，清楚知道自己的目標只是過程中的一個階段，或者是更大的努力目標，正是一切的開始。雖說每個人適用的方法不同，但我相信每個人都需要設立一個可行的目標，並明白不是所有的目標都相等，也不應該是相等的，你需要綜觀情況，分析出大格局、中格局和小格局，從中判斷每一個目標的重要程度。想要飛上太空是個偉大的志向，但你不可能沒有明確的步驟就想一步登天地實現夢想，你需要建造火箭、發射升空、穿越太陽系……你知道我的意思。

也許你在腦海中已經勾勒出大局，例如自己開店創業、升任部門主管，但除非你先做出一些計畫，否則很難讓夢想成真，或覺得自己正走在實現夢想的路上。我真的相信無論你對「設立目標」有多麼嗤之以鼻或覺得老套，如果你花在設定目標的時間和思索什麼時候才可以達成的時間一樣多，你絕對能夠更快抵達。

設立目標

　　從前的我一直都不了解「設立目標」的實際益處，頂多只有在聖誕假期中和一兩個朋友寫下一些明年的目標。我們會寫像是「模擬考拿到兩個 A」、「被選進手球隊」、「不再每天都吃義大利麵」之類的，然後就拋在腦後（先說明一下，義大利麵很重要，每天都吃也沒什麼不對）。直到最近，我發現設立目標這件事很有幫助（雖然有時候很乏味），它讓我檢視自己想要把時間花在什麼地方，促使我建立規範，改變每天和每週的作息，達成原本不確定的目標。我強迫自己將設立目標這件事融入生活（或許有點太過頻繁），以在邁向成功的過程中建立更完善的個人界線，強化累積微小熱情和自我實現的目標。

在我的想法裡，設立目標就是透過嚴密的計畫來標記一個目的。這是一門科學，所以讓我們試著從一開始就做對。如同目前為止所討論的，接下來的部分可能某些方面對你很適用，但其他方面並不適合你或你的生活方式。請先全部試試看，然後根據喜好做調整。通常來說，你花在設立目標的時間應該根據其格局大小有所不同，格局越小，花費的時間就應該越少。例如你可以安排半天的時間設立年度目標，但是如果你花超過十分鐘設立每天的目標，原本是件好事也成了壞事。

真的嗎？設立目標只需要花這麼點時間？以我個人來說真的如此。這就像開車一樣，假使你不手握方向盤和踩油門，就不可能指望自己抵達目的地。

何時？	
大格局	每年
中格局	每季
	每月
小格局	每週
	每天

每年

　　這是你的大格局，也應該是一個恰當的安排。你檢視過去一年來的成果，思考接下來這一年的方向，更重要的是這個方向到了明年或五年之後，會帶你到哪裡。它會朝著你的那些大目標前進嗎？這是一個好時機，讓你思考為什麼你想要那些你認為自己想要的東西。我發現設立年度目標既讓人感到欣慰，但也需要勇氣面對，你可能會在檢視的過程中，發現今天的你與一年前相比有多令人震驚，還可以幫助你意識到自己現在想要的和之前有什麼樣的改變。直到這時你才注意到，自己在這一年中的經歷已經讓你的目標漸漸地、慢慢地改變了方向。我們對成功的願景會隨著成長不斷地變化與發展，這就是為什麼每年一次的自我檢視非常有用。我發現將這些年度目標放在看得見的地方（像是書桌上方或是筆記本的第一頁）特別能起作用，這似乎總能在我需要的時候吸引我的目光。

　　我記得自己二〇一七年設立的一個最大目標，就是和像是 PrettyLittleThing、Boohoo 和 Topshop 等大廠牌合作開發一系列的流行服飾。我寫下年度目標後拿給我的經紀人看，告訴他這是我想實現的目標，也是我未來一年的成功樣貌。我

還記得一年之後，也就是二〇一八年，我又坐下來計畫年度目標，才發現那已經不是我的主要目標，而且即使現在提供這個機會給我，我也不會接受。因為我意識到自己想將職業生涯從成為一位「有影響力的人」（有誰想要為了討生活環遊世界嗎？）轉成當一位企業家。我想要創立個人的時尚品牌，一個優先考慮生產道德和永續性的企業。我了解到自己的幸福快樂來自彎腰努力工作的生活，這就是我的自我實現，也是我過去（和現在）的成功樣貌。我必須時時修正，趕上自己的目標，讓我迎向現在想要建立的生活，而成功之於我的定義，無論短期還是長期，也已經有了改變。

年度大格局的自我提問

不要害怕夢想太遠大，但務必誠實面對自己真正的渴望，你應該對自己誠實。

1. 我的最終職涯目標是什麼？
2. 我的最終個人目標是什麼？
3. 我希望自己五年之內置身什麼樣的專業領域？
4. 我希望自己明年此時置身什麼樣的專業領域？

每季

我不知道大家的狀況怎麼樣，不過我到現在還是習慣以「學期」為目標單位（可惜少了漫長的暑假），這剛好也符合企業運作的方式，因此季目標成為我重新評估確認，以期許與年度目標維持一致的好方式。我們已經討論過動力與作息會隨著時間而有所改變，所以這個時間點也是讓目標隨之變化調整的好時機。

每月

我們常常驚嘆時間的飛逝，新的一個月一下子就來到。所以我會建議大家在每個月的第一天進行檢視與調整，避免在未察覺下走偏了，而且還越走越遠。請花三十分鐘設立你的每月目標，並思考目前離每季目標和年度目標的距離進度，然後繼續努力。

每週

這部分主要基於第二章的討論，每週目標的設立應該與你的每週計畫相互配合，而這些就是你計畫在短期內實現的目標。

每日

「我沒看錯吧？每天都要設目標？難道你要讓設立目標這件事奪走我的人生？」

我個人覺得這麼做能讓我安排每一天的生活，也讓我朝著那些更大的目標一步步邁進。畢竟就像那些能言善道的說客所言，一年不過就是三百六十五天的累積。你絕對可以在沒有每日目標的情況下把事情做完，但是請聽曾經忽視這個想法的人的建議——你應該試試看！

請從每天設立三件在當天完成的事情開始，不多，就三件！選擇實際可行的事，且至少與你的長期目標有關。不要為了在框框裡打勾完事而選那種五分鐘就可以完成的事。你可以做得更好，何不讓每一天都別具價值，即使只是處理一些瑣事以實現未來更偉大的目標。也不妨檢視你的每日目標，看看如何盡可能在每一天融入心流和微小熱情，或許只是一些微小的改變，但我確信你會感受到其中的不同。假使你仍然為了設立目標感到苦惱（無論是短期或長期），這裡有一些我認為特別有用的點子，而且各種類型的目標都適用，只需要視情況做一些調整。

目標設立小點子

首先，使用「我會」而不是「我想」這兩個字。我知道聽起來有點荒謬，感覺也很像 Z 世代的調調，但真的對我很有幫助，更何況也沒有人會翻看你的筆記本。這麼做就像是說服自己可以做得到。如果你覺得寫下「我會⋯⋯」讓你很心虛，那麼你連第一關都過不了，這時候或許需要自問你的目標是否合乎實際。

1. 今年要實現的**職涯目標**：

   我會升上經理的位置，還會獲得加薪。

2. 要建立並常做的**專業習慣**：

   我會修兩堂與工作相關和／或感興趣領域的專業發展課程。

3. **個人目標**：

   我會每兩週進行一次心理諮商。

4. **個人習慣**：

   我會每天閱讀十頁的書。

5. 實現這些目標之後你想要得到的**感受**：

   我會在每天的生活和工作安排上感到更自由。

通用的目標設立原則

現在我們已經確定了何時設立目標，接著需要清楚知道如何設立目標。到了這個階段，你可能覺得我是不是太沉迷，我不怪你這麼想，但是我寧願對設立目標中毒太深，也不想浪費時間設立無效的目標。

我最喜歡的目標設立原則很簡單，那就是確認目標符合「S.M.A.R.T」原則 *（我真的很想因為這五個聰明的縮寫得到誇獎，但這真的是一個能幫助你設立目標的有效工具）。

- **明確的**：清楚定義。
- **可衡量的**：目標的標準夠具體，知道何時達標。
- **可實現的**：既合乎實際又能夠做到。
- **有相關的**：與你對成功和期望的想像一致。
- **有期限的**：設定達成目標的時間，給自己一個期限。

確認你的目標有以上這五項，就能確定自己做對了。

接下來，讓我給大家一點鼓勵。雖然設立目標超級有幫助，但到了最後我們還是必須承認自己只是個平凡人。我們可以擁有全世界最大的志向，可以非常認真努力，但仍然可

---

* 即 Specific 明確的、Measurable 可衡量的、Achievable 可實現的、Relevant 有相關的、Time-bound 有期限的。

能做錯，或發生惱人的錯誤，或只是到不了我們想抵達的地方。但最糟糕的不是失敗本身，而是它對我們的心態可能產生的影響。你必須對自己負責，同時也要維持良好的自我對話。如果讓自己掉入失敗的漩渦裡，就很可能繼續跌倒。找出自己哪裡出了錯，例如：是野心太大了嗎？是沒有遵循應該遵守的規範嗎？然後設定解決這些問題的實際目標。別太過自責，否則你會對自己的目標感到疲乏，並對自己原本能夠達成的事感到畏怯。你可以對自己誠實，負起該負的責任，但不必重重打自己一拳，搞得一蹶不振[41]。

自我批評	自我負責
「我真是個笨蛋，我永遠沒辦法把事情做對。」	「我能從發生的事情當中了解自己嗎？」
「所有的一切都是我的錯。」	「什麼樣的模式造成了我現在的狀況？」
「我建立的日常習慣／紀律都失敗了。」	「我只是一個平凡的人，日常習慣可以隨時再建立。」
「每個人都做得比我好。」	「人類的世界非常混亂，我一直努力原諒自己。」

　　有個能夠阻止你慶祝成功，並因此無法經歷任何有意義的成功的原因，那就是「冒牌者症候群」。如果不加以遏止，冒牌者症候群會永遠拉扯著你。若你覺得自己不配成功，當然也不會想要慶祝，甚至會阻止自己繼續取得更多成就，避免感覺更像一個騙子。我一直害怕遭遇重大失敗，像是公司破產、不得不裁員、讓大家失望，這些都是一次又一次讓我徹夜難眠的原因。但我也深深思考過，或許這樣才能完全解脫。這樣我就再也沒有什麼好去證明，沒有另一個想要去征服的高峰，沒有前人的足跡需要超越，不必再去努力證實自己的能耐。在一個充滿各種成功的世界，我們有時候卻寧願失敗好讓自己不再承受壓力，這是多麼可悲的事啊！這真的讓我感到震驚。我當然不會真的放棄一切，然而有時也不免想要放開一切，享受全然地放鬆與自由，不必操心未來。

冒牌者症候群（Impostor Syndrome）[42]

或稱冒名頂替症候群，覺得自己的成功只是因為運氣好，不是因為有才華或有能力。任何「無法接受自己成功的人」，都可能是患了冒牌者症候群。

　　我也學到這其實是冒牌者症候群的另一種表現，稱為「上限問題」（Upper Limit Problem）。這是一種自我毀滅傾向，患者受到「想要失敗」的感覺，或是一種寧願舉白旗投降以獲得解脫或自由的意念所影響。首先診斷出這種症狀的心理學家蓋伊・漢德瑞克（Gay Hendricks）將其形容為一種「內在恆溫控制器」[43]，它為我們設定了自己可以感覺有多好的上限。當我們嘗到成功的滋味時，就會開始出現一切都會出錯的念頭，隨即衍伸出我們會失去工作、這段感情最後一定會分得很難看……我甚至還記得自己大學快要畢業前出現過我們（還是只有我？）可能會突然都死掉的想法。這個「恆溫控制器」透過將原本應該慶祝的事情災難化（把事情想像成比實際情況糟糕），將幸福和成功的感覺調節到我們感到自在的程度。如果你受到上限問題所苦，之後每當你接近預計的成功點時，可能會越來越常出現自我毀滅的症狀，這時候你必須為了自己起而對抗。不妨就把它想像成即將成功的徵兆，接受它、忽略它，然後享受成功，這是我能給你的最好建議。

　　我仍然每天與冒牌者症候群作戰，通常只有在人們對我做出不公平的批判、貶低我的努力時，我才擁有對抗的能力，

才能夠撐住自己，去看到自己為工作投入的時間、妥協、犧牲，去做很多人也同樣在做（或不做）的事。永遠都會有人在背後（或當面）批評，我們不一定每次都需要和他們爭論，但是我們可能做出最糟糕的事就是和他們一起詆毀自己。

我整理出一些個人對抗冒牌者症候群的方式，這種心理現象對經歷的每個人而言無疑都是一種獨特的經驗，所以我的方式也僅供參考。

1. 承認不管你覺得自己配不配，這就是現在的你，不妨就享受它。

2. 有些事情比看起來還簡單，無論是你的工作或其他人的，但這並不表示你什麼都沒做，無論做得多或少，你還是需要動手或花時間。

3. 有時候你就是很幸運！你的鄰居、同事、你跟隨他們成功腳步的那些人也是。倒楣的事會有，但好事也會發生。有時候你就碰巧在對的時間和對的地方出現，或者你就這麼剛好遇上某個貴人能幫助你跨出成功的一大步。但你才是抓住機會讓一切發生的人。這一點不會因此改變或顯得無關緊要。

4. 只要不傷害到任何人，走捷徑其實是一件聰明事。用

更聰明、更快又更簡單的方式做事可以得到很多好處。走捷徑不會改變或降低你的最終目標，也不代表你不值得這份成功，事實上你應該更享受這份成功，因為你用更快速又不怎麼費力的方法做到了。真是太神奇了！

我們總是用幸運這兩個字來總結自己或他人的成功，但實際上每一次的成功都是一連串的運氣和努力，因為有些時候即使你努力了，卻還是無法成功；有些時候你幾乎不怎麼努力，卻一切都水到渠成。你在一路上會碰到許多十字路口，你只能確定方向、握緊方向盤往前進、設立目標、努力工作，然後過你的生活並享受成功。或者，你可以花時間貶低自己的努力，從不慶祝自己做的任何事情。端看你如何選擇！

我們已經討論了努力工作的重要性、如何提高效率，以及如何在工作注入更多樂趣，而在本章節的最後，我必須提醒大家一個重點：我們之所以如此努力工作，是因為有些事情需要我們的努力。我們有責任盡全力製造成功的感覺，無論是在工作中不斷實現自我、養家活口，或只是撐過這一個星期。別讓不允許自己去定義或慶祝你的成就而浪費了你的努力。人們不斷感嘆人生充滿了起起落落，不過我們有能力

藉由肯定登上高峰時的自己，以及在低潮時鼓勵自己度過難關來創造成就感。

　　請永遠記住，無論你有多麼想做到，如果「努力工作」已經開始讓你感到痛苦難熬，或許該讓自己休息一下，開始「輕鬆工作」。

PART 2

輕鬆工作

第五章

重新定義生產力

　　到目前為止，我人生中最忙碌的一段時間依然是大學的最後一個學期。雖然不幸，但完全是我自己造成的，而一連串的困境也促使我發展了第二個商業模式，並在短短一個月內完成三年制的學位考試。雖然在某種程度上值得嘉許，但這麼做其實並不聰明。那一段日子還深深烙印在我的腦海中，我還在手機應用程式裡使用「倒數計時」功能，讓即將到來的厄運看起來值得期待。（你可以在手機上裝設螢幕倒數功能，絕對是非常有效的激勵方式！）

　　二〇一九年四月二十九日，我們宣布 TALA 的成立，這是我的夢想——絕不妥協的時尚品牌。對我而言，TALA 的誕生代表我再也不用在風格、永續性和價格上做選擇，它集結了我對時尚的熱愛，以及對恐怖快時尚的厭惡。將這家公司帶進這個世界讓人興奮至極，我們也在 Instagram 上傳精心製作的貼文，熱情投入的程度唯有新手媽咪可比擬；就在同一

天，我需要繳交一篇三萬五千字的報告。一個星期後的五月七日，TALA 正式進軍時尚產業。當然啦，前一天晚上還有發布派對——這算是企業的官方規定，沒辦派對怎麼能上市。

　　發布會過後兩天，也就是五月九日，是我必須繳交重要論文的最後期限，感覺就像把一萬個精心挑選的文字填在白紙上以供批評和評分（然後我再也不會拿出來看）。緊接著，我開始進行三週的衝刺，以準備應付占學期總成績 62.5% 的五項分別歷時三個鐘頭的考試。這場考試馬拉松從五月二十七日開始正式展開，之後幾百名考生個個血糖低、手抽筋，從考場一一湧現，緊張地互相對答案，然後用後見之明的遺憾在內心進行對話。剩下的四場考試則分別在接下來的十天裡舉行。而讓我印象深刻的六月六日這一天幾乎是一個神話般的日子，象徵著自由和克服一切的成功。在這一場一邊在學一邊創業的三年奮戰中，我絲毫不讓步、不妥協地跨越了終點線。

　　我們都曾經擁有同樣的遭遇，無論你的終點線在哪裡，最後期限總會從各個方向使勁地拉扯著我們，讓我們筋疲力盡、過度勞累，承受無比的壓力。然而令我驚訝的是一切竟然都按計畫進行，也讓我充分享受 TALA 的發布。五月七日

那天，我坐在兒時夢想的挑高會議室裡，倒數著「開賣時間」，我從不曾有過如此同時感到恐懼和快樂的時刻。經過幾個月的推遲和一年的計畫，我已經準備好將這家公司呈現在大眾眼前，而群眾的反應也讓我忍不住紅了眼眶。開賣時間一到，成千上萬的人湧進網站，原本看似龐大的庫存在幾分鐘之內就見底，根本不夠賣──這無疑是公認最棒的問題。

　　片刻之後，我們才開始注意到我們的網站根本超載，後來還發現平台的後端出錯，所以大部分的訂單很可能都有問題。電腦螢幕上的天文數字收入造成超賣，訂單的處理也無法保證是對的。簡單來說，就是好幾千個客戶正在購買根本缺貨或與庫存量不一致的商品，所以你可能購買了 M 號，但收到的是其他尺寸或商品其實缺貨中。我的壓力真的大到不行，但還不至於過度沮喪，畢竟這些發生的事還可以補救。我沒預料到的是在接下來的兩個星期裡（感覺像兩年），我們必須個別聯繫每一位客戶，確認訂單，然後常常必須很抱歉地向對方說明他們不會收到貨。但是與此同時，我們也收到很多好評，讚賞我們的處理方式（這無疑是在無法收到商品而生氣的顧客傷口上撒鹽）。

　　雖然我們的小團隊對於該怎麼處理最好完全沒概念，但

是我們設想了每一種方式，也執行了其中的大部分，無非是希望其中一個方式能奏效。而在應該把時間花在修改後台訂單流程的時候，我卻在圖書館旁的電話亭歇斯底里地大哭（我後來發現圖書館的那一面玻璃是單面的，意思是外面看不進去，但從裡面向外看得一清二楚，第一排還是溫書座位區）。我為了支持這家公司卻收不到商品的客戶感到萬分抱歉，也為一連幾天徹夜工作處理客訴而掉眼淚的客服團隊（等於全公司的人）感到揪心。我記得自己拚命在臉書上的大學群組貼文，提供每小時十五英鎊（約新台幣五百五十七元）的打工機會給無考試壓力的學生，想辦法為這艘就快沉沒的船增加急需的人力，無聲的淚水也從我臉上不斷滑落。

　　那時候的我卯足全力和效率工作，勤奮彷彿就是我的代名詞，而我也真的筋疲力盡了。我沒考慮到壓力所帶來的身心耗損，依我在成立公司所投入的心力、靈魂、聲譽來看，我著實付出了極大的代價。我沒注意到自己需要安排週末或其他時間來休息，好在星期一早上重新注入活力。我把自己的人體極限拋到九霄雲外，只為了換取忙碌的生活。

　　奇怪的是我雖然持續處於驚嚇、壓力和幾乎喘不過氣的狀態中，但我記得自己也有一種前所未有的被肯定感。我正

真真切切地生活著，正在打一場美好的戰役，正在忙碌著。我一直工作到凌晨，完完全全投入，沒有時間休息，沒有時間做其他事，只有工作。別誤會我的意思，我一直都很努力，但這是一場完全不同的賽事。這樣的工作方式需要投入大量的時間，但現實是如果我繼續沒日沒夜地工作幾個禮拜之後，被認可的光環也會隨之崩壞。

在我生命中的那段日子裡，最讓我感到詭異的，是我對身為「努力的工作者」的認知，只能來自無法持續且荒謬的工作量。這就像告訴一個長跑選手只有從起跑開始就整場比賽一路衝刺到底才能得到獎勵。這一點都說不通，也不切實際，甚至可能造成嚴重的傷害。我們對效率有了全新的態度，效率的競爭力有如體育競賽，而將自己推向極限也絕對會帶來滿足感，就像每週工作八十多個小時的你覺得自己彷彿受到懲罰，但同時又感到驕傲。從某種意義上來說，我們缺乏對人類極限的關注這件事，不僅缺乏現實感，還被營造出是一種自我犧牲的堅忍行為。

現在回過頭看，我忍不住想問自己：為什麼我會認為那是效率的最佳表現，即使我知道它不會長久，也讓我痛苦到不行？為什麼當時的我會覺得被肯定？是因為我可以分享

嗎？還是因為我可以在 Instagram 發布凌晨兩點依然在圖書館努力工作的動態，尤其那不只是為了在社群媒體留下精彩片段，還是我最真實的生活？不過我的冒牌者症候群彷彿受到獎勵一般，症狀明顯減少，因為我能夠看到自己投入工作的時間，而這些時間看起來就像我之前在社群媒體上關注其他人的時間。我相信每個人對於工作的壓力有不同的經歷與感受，但顯然大多數人的壓力都越來越沉重。

我先說說自己目前的職場現況：

現在我可以自在地說，我非常努力工作（特別是在陷入危機或其他需要半夜三更趕到最後一刻才能闔上電腦的驚險時刻）。即使知道休息一下對身體比較好，但我有幾天在進入心流狀態時中間完全沒休息。我能在必要時刻效率驚人（有時候在面臨危機或截止期限時就得這麼做）。我目前每個星期花三天寫這本書，剩下的時間都投入在正職工作，這是為了實現一個既定目標所做的安排，並非日常狀況，畢竟體力上不容許。

有些日子我只用 50％的能力工作；有些日子裡我所做的不過就是寫下當天尚未實現的目標；還有些日子我恨不得踢自己兩腳，因為一整天幾乎沒做任何事。我現在也會過週

末了，而且是每個禮拜的週末都放假。我每天睡足七個小時（「弱者才睡覺」俱樂部成員聽到了可能會倒吸一口氣），如果睡不夠，很有可能是和朋友外出、和室友聊天，或是追劇，而非像超人一樣處理一堆電子帳目表單。

　　處於大學畢業前衝刺期的我，忽略了即使計畫再怎麼完美，但大腦不堪負荷也沒用。創造力需要時間，你也不可能過度工作又避免賀爾蒙失調或身心倦怠。你可以為了避免倦怠而做計畫，但是我在需要全力衝業績的時候並沒有這麼做。我那時候確信只有怠惰和缺乏紀律才能阻止自己把所有的事情完成。我需要時間去理解不工作不見得就是懶惰，而是必要的，我們都需要將不工作納入日常安排之中。

　　行事曆輸入：放鬆時間，星期二晚上，6～9點

　　我們不是機器。我們的齒輪並不總是按照希望的方式轉動。我是一個幾乎從不說自己無法做某件事的人，不是「我可以做任何事」，而是本著強硬派作風，如果需要去做某件事，即使咬著牙我也會去做。我花了很多時間才了解自己不是機器，我是有骨頭、有血有肉、（偶爾）有大腦的人類。而就算我有動力和雄心壯志，在面對例行公事時也會有心流和低潮。如果我們一直以產出來衡量自我價值，失去的就會

越來越多。是時候停下來了。

　　讓我們暫時回過頭來談談效率這件事。「效率？」你可能會滿頭問號，「這個章節不是討論輕鬆工作嗎？」或者你早就準備好快速帶過剩下的章節，因為你認為自己不需要學習輕鬆工作，也不需要別人告訴你如何度過空閒時間，再說你讀這本書的目的不是想放鬆，而是要提升工作表現。

　　這就是我們很容易誤會的地方。

　　隨著新自由主義的興起，我們開始將每個人視為「人力資本」。我們的價值開始和我們的生產力緊密連結，並依照資本主義的結構得到相應的回報。再加上新興科技的快速進步，我們能夠以前所未有的速度同時處理多項事物，像是一邊接聽電話一邊寫電子郵件，看實境節目《日落豪宅》（Selling Sunset）時還能同時在 Instagram 上發布貼文，或者一邊煮晚餐一邊聽 Podcast 的教育性節目。科技是效率最好的朋友，如果使用得當，還能幫助「優化」我們。但另一方面，它可能也會導致我們覺得自己快瘋了！雖然我們希望自己每天一睜開眼睛就開始有生產力，然而我們的大腦尚未進化到足以應付同時快速做兩件或更多事。我從小就認為自己可以同時做五百三十二件事，以致於如果我每次只做一件事情，就有某

種焦慮感，好像那樣沒勁。我必須刻意努力制止自己這麼做，讓自己學習活在「當下」。或許這也是為什麼這麼多人開始練習正念的原因，又或者這也是那麼多老一輩的人拒絕聽信這些「時髦術語」的原因，因為對他們來說，那本來就是一種日常的生活方式。

　　在現今文化中，生產力的定義不再是在最短時間內達到既定目標，而是投入更多時間、減少睡眠時間，好表現出我們有多「努力」工作。這就是生產力對我們的意義——具備市場競爭力的工作狂。然後我們將「聰明工作」包裝成另一種明智的選項，但除非我們投入可以誇口的工作時數，否則似乎還是缺乏合理性。從這個角度來看，生產力已經失去了工作時效要實現的價值，而變成等同於機器般地攪動產出，盡可能在一天結束之前榨出每一分力氣，好吧，就做到死（悲慘的事實：日本人會用「過勞死」來形容因為過度工作突發心臟病或心肌梗塞而死的狀況）[44]，或者做到明白自己永遠無法贏得這場比賽後，我們才會停下來，退一步尋求長遠的安排。這通常需要經過許多年質疑自己不夠好且工作不夠努力後才會發生。

　　我不一定對，但是我無法也不能認同這種生產力。

　　幸好有許多研究支持我的論點。英國在二〇一九年（當時仍是歐盟的一員）和其它的歐盟國相比，每個星期的工時最長（平均每個星期四十二小時），卻不是最有生產力的國家 [45,46]。同時期的鄰近歐洲國家卻縮減工時，歐盟二十八國每個星期平均工作時數是四十點二小時，愛爾蘭是三十九點四小時，卻在所有國家中最具生產力。緊接著是丹麥，這個國家的全職員工一個星期平均工作三十七點七小時。讓我們再看看另一邊的其他鄰國，法國（生產力一樣比我們高）的法律明定，下班之後依法不必回覆工作相關的電子郵件，也沒有人可以要求他們這麼做 [47]。他們的工會在進行談判時，堅持新的離線（Disconnect）法規對打擊數位科技所造成的未申報勞力暴增至關重要。

　　我並不是建議英國需要澈底改革整個勞工的相關法律，但以上數據的確顯示出不畏辛勞地埋頭苦幹和具有生產力是截然不同的兩件事。除此之外，在檯面下似乎還有另一個令人不齒也更可怕的可能，那就是將無償的額外勞力付出美化成生產力，以造福除了勞力付出者之外的所有人。除了在辦公室熬夜加班卻沒有加班費之外，無支薪的實習工作也是許多企業的常態。雖然英國的勞工保護制度還不算是最糟的，

但是當我們發現其他歐盟國家正積極透過立法來改變工作文化，並進一步保護他們的公民時，英國在這部分的落後的確令人震驚。我不確定該如何有效地解決一切的問題，畢竟每個人都希望藉由努力工作來贏得更多更好的收穫，但是以贏得生產力獎牌吸引勞工超時工作甚至無償加班，這當中衍生的各種問題非常嚴重。

打從進入職場以來，每星期工作四天的議題就一直反覆被提起（或炒作），但似乎依然是遙不可及的夢想，也依然令人有點困惑。那些贊成的人，像是紐西蘭總理潔辛達·阿爾登（Jacinda Ardern）就認為這樣的工作模式更人性化、有益於產出、有助於分工、能促進當地旅遊業、允許工作與生活取得平衡，更有助於提高生產力[48]。這個論點似乎指出我們不僅將自己逼到了懸崖邊，而且還完全徒勞。人們理當也感到困惑，不是只要日以繼夜的工作（無論是夜晚、週末還是聖誕夜），就越有可能成功嗎？我很清楚每個人都有自己的黃金平衡，在這個平衡上，我們實際上需要透過休息和恢復才能提高生產力。這個提議當然不可能取代正規的勞動法和制度上對生產力的態度，但我們迫切需要在個人層面上做出改變，以促使整個工作環境上的改變。

　　我們都知道自己需要停下腳步休息，好好過生活，卻似乎還是以努力工作和力求工作表現為優先選項。這個現象對我來說很有利，因為本書第一部分談的就是「努力工作」，也表示不是只有我一個人迷失在工作裡。但是如果你只是努力工作，卻不懂得輕鬆工作，那就會失去真正的意義。我絕非建議大家不要再努力工作，或甚至乾脆不要工作（怎麼可能，我過去這四年一直都深陷在創業之中），只不過傳統上我們把「努力工作」和「輕鬆工作」視為相互對立的兩端，而不是生產力的一體兩面。是時候重新釐清我們對生產力與忙碌的定義，並重新認識自我照顧與休息的概念了。

　　目前，我們對生產力的認定既不切實際也缺乏效益，而像我這樣的人在這當中扮演了主要的禍首。

　　慶幸的是，儘管在這樣的工作文化之下，還有很多人沒有自殺的念頭，他們樂於接受足以糊口的工資，也樂在工作，每天只花 60％ 的能力工作，這樣才能提早下班，然後去酒吧喝一杯，或者去跑步，或是做其他喜歡的事。但這樣的工作態度在新的職場世界中卻被認為是一種異數。

　　在奮鬥文化的興起中，我發現一個特別矛盾的現象，那就是並非所有的奮鬥都是平等的。我在這裡討論的奮鬥文化

（指的是沒日沒夜地忙碌和沉迷於工作變成常態的現象）和那些為了維持生計不得不超時工作或兼好幾份工的人有所不同。工作既迷人又醜陋，既令人嚮往又不公平地剝削，這都是資本主義的基本悖論。只有當某份工作是被選擇的，並限於某些非工業領域時，這種奮鬥才是有魅力的。這不是什麼新鮮事，不過我的確感到矛盾，在某些情況下人們熱愛展現自己有多賣力工作，但是當這種賣力工作不再是一種選擇時，就不是什麼值得吹噓的事情。當我在社群媒體發布自己工作了多少個小時，通常會被認為是很迷人的，因為其中隱喻了中產階級的成功。我認為這種魅力有部分來自對工作的神話化，認為嶄新的職場世界是走在時代尖端、光鮮亮麗，更重要的是，與工業革命年代和（現在依然存在的）工廠僱用童工的狀況大不相同。

我們對於生產力的扭曲觀念當然不全是社群媒體所造成的，早在我出社會之前，奮鬥文化就以某種形式存在於辦公室文化：誰敢承認自己從來不想被看見半夜才離開辦公室，從不向同事抱怨自己的工作堆得比山高，從不在週末時回覆電子郵件？想要炫耀自己非常努力工作，是一般人的正常心態，也提供了一種釋放壓力與得到相應回報的好方法。不過，

我真的認為在任何地方和各個層面都能看見這種信號，所帶來的影響是加倍的（前一刻的你正關注朋友的貼文，下一刻換成你喜愛的企業家），其影響範圍已經超越了朋友圈和辦公室，演變成來自四面八方和辦公室內外的**轟炸**，即使再多的「晚餐不談工作」也抵擋不了。從前，當我們終於離開辦公室之後，相互競爭比較的心態即嘎然而止，現在則是連回到家以後都還在持續進行著，而且比較的對象不只是我們視線範圍內的人。無論做什麼、視線飄到哪裡，我們都受到朋友、朋友的朋友、偶像甚至敵人在社群貼文呈現的工作樣貌所影響。

賈‧托倫蒂諾（Jia Tolentino）在她的論文〈網路上的我〉（*The I in Internet*）中討論網路的興起，以及其對我們如何看待自己身分的關聯性。論文中的某部分聚焦在網路如何讓我們高估了自己的言論與政治參與度，也就是所謂的「美德信號」現象（Virtue-signalling，意即在社群媒體上以某種言論顯示自己站在正義的一方）[49]。根據托倫蒂諾的觀察，網路被認為是一種「內建表現激勵」載體，人們開始在網路上透過表達對「壞事」的厭惡和對「好事」的支持，來顯示自己是一個天生的好人。托倫蒂諾認為大多數人之所以這麼做，主要

是因為「對清廉政治的渴望」，因為我們都希望能成為支持好事並譴責壞事的好人。

　　我一邊閱讀這篇論文，一邊點頭如搗蒜，也開始思考這個論點和我們呈現自己有多努力工作的形象是否有關。依同樣的道理來看，我們釋放的不是美德信號，而是「奮鬥信號」（Hustle-signalling）。網路的「內建表現激勵」也適用於奮鬥指標。我們可以利用上傳貼文來證實自己的生產力和投入（及分享）的時間。而就如同托倫蒂諾所描述，我們確實渴望成為一個努力工作（或至少不要比隔壁的那個人懶），並因此值得成功的人。就像人們上傳自己在抗議現場的照片，來顯示出他們有多良善、多有愛心一樣，上傳自己「孜孜矻矻」的照片，也是在向看的人（還有我們自己）發出信號，顯示我們有多勤奮努力。那些貼文讓我們覺得持續不斷地工作似乎是一件很酷的事，它讓我們更有優越感，而不是疲憊不堪又缺乏效率。你看了那些貼文之後可能會覺得太棒了——我的意思是還有什麼比得上一整個世代的年輕人受到啟發和激勵，準備鞠躬盡瘁地全力以赴來改變這個世界呢？但這一切全都過了頭，到頭來反而會造成傷害與極度迷惘。

　　這個現象已經讓人難以準確判斷何謂努力工作、有效率，

或是相反地，何謂「懶惰」。

週末不工作？懶惰。

節日放假？懶惰。

九點以前還不開始工作？懶惰。

晚上和朋友聚會？懶惰。

工作、工作、工作，最好連睡覺時間都省了！否則你怎麼能夠真的成功呢？我們正逐漸接受必須為工作付出最大犧牲才算是努力工作的觀念。彷彿我們正生活在某種手遊裡，只知道一直往前衝，而那些一路上林立的大型愚蠢（但外型可愛的）障礙物，其實是在告訴你應該慢下來。如果每週工作四十個小時的人認為自己很懶惰，顯然我們對工作的期望值已經偏離了正軌。我知道自己常常工作過度，也偏離了正軌。如果努力工作是我們本來就在做的事，為什麼它的標準會變得那麼高，讓我們痛苦地在疲憊的苦海中浮沉，而不是頭先遭到重擊？（或是更正確的說法：肚子痛苦地翻攪？）

說實話，我沒有任何解決方案。現實上我們不可能完全退出社群媒體（儘管有些人認為這是最明智的作法），也不可能在一夜之間完全推翻某些根深蒂固的職場文化。我想我能給的唯一建議，就是當你看我的貼文、朋友的貼文或任何

其他貼文，請不要入戲太深。凌晨兩點還在辦公室的貼文，就只是有人有一天晚上凌晨兩點還在辦公室，不代表他們昨天也是這樣，或是明天也需要這麼做，也不表示他們兩點零一分也在辦公室，甚至他們當天早一點的時候就在那裡（因為有些人很可能是夜貓子啊！）我們都只是拿著一小塊拼圖，然後透過那些精彩畫面，充滿想像力地拼湊出一整個拼圖。沒有人能告訴你努力工作看起來是什麼模樣，因為每個人從來都不一樣。不過所有形式的努力工作都有一個共同點，他們不是一直在工作。

如同社群媒體對身體形象產生的影響，我們也需要討論生產力形象。我們如何看待自己的工作習慣？是正確的嗎？是可持續的嗎？我們花在工作上的時間是我們原本就打算這樣，實際上一點也不懶惰？還是我們和網路與現實中的其他人比較以致標準扭曲，進而造成的生產力與職業道德恐懼症使然嗎？我們真的想和那些整天忙個不停的人一樣那麼辛苦工作嗎？這些問題至少能讓我們面對自己真正想要的，以及我們真正所在的位置與想去的地方。

如果我們忽視了生產力的糖衣，就可能陷入永無止盡的愧疚深淵，慚愧於自己無法像其他人（或我們以為的）那樣

努力工作，因此不配成功或好好享受成功。我相信自己會這麼想，絕大部分歸功於我的冒牌者症候群，讓我在看見另一則「早上五點還在工作」的 Instagram 貼文時，腦海中出現「我不像他們那麼認真努力！」或「當大家都在睡覺時，我還在工作」的聲音。如果這部分對通常被認為是「努力工作」，並且貼出許多「能昭告天下的努力」的我都產生了影響，那我敢肯定自己絕對不會是唯一有這種感覺的人。

當我深入探討自己的生產力形象和忙碌喧囂時，我開始擔心其中的一些建議可能不適用大部分的人。別誤會，我還是認為在這個新社群媒體導向的世界中，每個人都很容易產生扭曲的觀點，無論是關注或是被關注的人，所帶來的影響也比任何時候都更根深蒂固。除此之外，社群媒體也推翻了實體界線，意思是說如果你在一種文化中工作，但在網路上接觸另一種文化，你可能會感受到兩者對你的自我期望的影響。我也身在其中。比方說，我住在首都城市，接觸令人堪憂的大量（社群和其他類似的）媒體。我是一名企業家，我舉的例子大多是社群媒體的極端現象，或是以企業家為主體的「奮鬥」群組所上傳的貼文（不同國家和企業當然有所不同），這些貼文都有霸氣的獅子當背景並附上勵志名言，某

些方面也顯示出他們推崇或捍衛的職業道德觀。

然而現實中的上班族父母、家庭主婦、學生……幾乎任何人都可能出現倦怠和扭曲的生產力假象，不單只是在週末加班或不休假才算數。在某些領域上，生產力假象也可能表現在一種忙碌文化，或忙於兼顧成為好父母和做好其他極限內的事。無論你的情況如何，疲勞賣命真的一點都不酷，也不迷人，更何況筋疲力盡到底之後更難讓自己振作恢復。

是時候花點時間仔細地嚴肅看待生產力背後的真正意義了，若想要這麼做，就需要擬出一個新的定義，並推崇生產力不只是無止盡地工作，而是需要「平衡」。

我痛恨平衡的概念已經變得隨處可見，原本具價值性的美好概念演變成另一種不切實際的標準，也成為我們應該如何過生活的準則。現在所謂的「平衡」代表了一種在工作、社交生活、解決問題、人際關係、財務、友誼、家庭、睡眠時間中游刃有餘，宛如馬戲團表演者抵抗重力的高超技巧。但以我的觀點來看，平衡應該是一種圓滿。我們永遠都做不好某件事，但可以做好很多其他事，事實就是這樣。這樣的想法幫助我不再將其想像成天秤的兩端，如果一端過重了，整個天秤就會翻覆傾倒；而是比較像一個涵蓋生活各個層面

的圓餅圖。這張圓餅圖每天、每週、每季都會有所調整，而最大的重點是一切加起來是一個圓，代表我們圓滿完整的生活。雖然聽起來很像葛妮絲・派特洛（Gwyneth Paltrow）一家人在電視節目上呈現令人難以忍受的完美畫面，但我認為不把生活看成是以一種方式取代另一種，而是重新調整、改變、根據優先順序與狀況而有變化，對我們來說這樣的生活才更具價值。我想這當中唯一的挑戰，就是避免落入另一個我們無法堅持並做到的期待，而避免的方式就是明白每個人在任何時候都不會只有一個解決方法。圓餅圖的特點是將事情分布開來而不是堆疊積壓，是可以彈性調整而不是一成不變，圖表上的每一條線是界線而不是阻礙，具有管理的價值而不是嚴格的規則，這樣我們才能夠看到自己生活的真實樣貌。請把這個概念放在你的腦海中，因為在接下來的章節裡，我們將會繼續探討。

　　我對工作和休息的看法一直很死心眼，就好像腦子被童書《瑪蒂達》（Matilda）中超級要求紀律的惡校長進駐了似的，有一個微小的聲音對我說「弱者才休息」，即使我知道那不是事實（或者我常常被允許當個弱者）。每當我陷入苛刻自己、重視工作時間而非效率以證明自己做得到的黑洞中時，

我都必須狠狠甩自己一巴掌，讓自己清醒過來。基本上，我是拒絕相信《龜兔賽跑》這種故事的人，因為兔子很明顯就是會贏，牠的對手是一隻烏龜欸！我大概是那種買下這本書當成「生產力藍圖」的人，接著直接翻開相關的那一個章節，讀完之後即用力闔上書。這樣我就學會了生產力和工作的關係了，對吧？那是這本書最重要的部分，不是嗎？剩下的章節是給那些無法忍受一直工作的人看的，我不可能是其中一個，對吧？

　　我不斷自我成長，也不斷學習工作與非工作之間的相互關係，以確定自己究竟是為了身體健康才停止工作，還是單純的懶惰。我發現這之間有時候真的很難界定，部分原因是這一個世代看待自我照顧的方式，另一個原因則是個人的觀念問題。自我保護和忙個不停的生活方式極為類似，兩者都被過度渲染，變成了讓人摸不著頭緒並且和紀律及努力工作沾不上邊的東西。所以，讓我們回到基本面，了解如何讓自我照顧與生活和工作「兼容並蓄」。如此一來，自我照顧才有意義，而不是又一個我們成天掛在嘴邊卻不知道該如何做的流行語。

　　我想鼓勵你開始將自我照顧視為一種生產力，而不是某

種你需要和努力工作之間取得平衡的東西，不只是戴口罩、勤洗澡、勇於說「不」和取消計畫，而是真真切切地「照顧自己、尊重自己的極限」。了解自己、認識自己、照顧自己並尊重自己。只要一發現自己忽略了其中一點，我就會好好地照顧自己。照顧自己沒有所謂的正確方法，也不一定得跟著電視廣告宣傳的那麼做，只要確定自己得到復原所需要的一切就行了。我們都應該將照顧自己當成一種生產力，如此一來照顧自己就不會是一種藉口，而是為自己好的一種工具。

可能有人會說，我們不可能從空杯子裡倒出東西來！沒錯，但問題比這個更複雜。單一個杯子不可能代表我們的一生（更何況誰會從杯子倒水？應該從水壺倒水比較適合吧？）不可能從空杯子裡倒出水的道理我們都懂，但有時候我們的問題是不懂得怎麼把那個杯子再填滿；有時候那個杯子可能不是空的，只是我們懶得把水倒出來。更重要的是知道什麼時該倒？什麼時候該停？什麼時候該大膽地把水倒出來？什麼時候又該修補杯子本身？是時候了解輕鬆工作的益處，並將放下手邊的工作視為生產力的必要組成部分了。

第六章

擁有一切

　　自從「擁有一切」（Having It All）的概念出現以來，這四個字幾乎已經成為大家的口頭禪。海倫・格利・布朗（Helen Gurley Brown）在她一九八二年出版的《擁有一切：愛、成功、親密關係、金錢……即使你一開始什麼都沒有》（*Having It All: Love, Success, Sex, Money … Even if You're Starting With Nothing*）中，還沒有提到小孩這一項[50]。不過在這本書出版之後，這個概念被擴大、重獲重視、推崇，宣告女性的確可以「擁有一切」（「一切」指的是事業和家庭）。這個詞隨後成為能夠「平衡一切」的典型女性代表：身為好母親、事業蒸蒸日上、擁有幸福的家庭。格利・布朗的論調現在看起來不但過時，也有點讓人想翻白眼，但是這一本書獨具意義，它顯示了女性至今仍然被賦予的高度期待及所面臨的挑戰：如何在面臨個人和事業的競爭壓力下，依舊拔得頭籌。

　　我不認為在格利・布朗之後的幾個世代，對於「擁有一

切」這四個字的解釋與應用有任何改變。自從這四個字被推出以來的四十年中，曾經受到強烈的抵制、抗議、反對，甚至不再被 Z 世代和之後的世代視為標準。這四個字從女權主義的夢想象徵，到幾乎被用來諷刺鼓勵女性完成不可能的任務，卻忽略了應該要求整個社會對於同工同酬、產假、其他政策的平等性議題積極檢討。然而，「擁有一切」這個概念有重出江湖的傾向，並超越了性別平等的討論範圍。我們慷慨赴義地承受這個兩難的局面，同時將這個觀念加諸在越來越年輕的人身上。從學校生活開始，我們的壓力就從保持優異的課業成績、積極參與課外活動，一直綿延到成為受大家喜愛、人又聰明，還得在社群媒體上分享自己有多受歡迎的證明。我們把平衡當成了終生必修的功課，而且還得面面俱到才行。就像麻布袋兩人三腳加上不能讓手上湯匙裡的蛋掉下來的賽跑一樣，我們被督促著用自由奔放的熱情，一路摸索著我們的生活與人生。

　　我覺得有兩個可能的理由讓我處在目前的位置——從小接受私立教育，幸運地在力求好成績與參加一系列課外活動中順利成長，因此稱得上是達到生活的平衡，而且還能關注與記錄這個轉變。首先，我是個忘恩負義的人，誰會抱怨自

己擁有太多機會，而不是自在享受上編織籃子的課後活動？
（尤其有些人一個機會都得不到。）被這麼指責也合理。但
是當我行文至此，我發現這個問題不只出現在那些被鼓勵什
麼事都要沾上邊並擁有特權的人身上，這個世界變得越來越
需要這種樣樣通的人才。再者，在結構性不平等的社會現實
下，有些人比其他人更有資源與能力——在學校和家中參與
的課外活動越多，機會就越多（就像我靠著音樂獎學金撐過
中學和大學）。參與不同的活動代表著你可能發展出不同的
能力（可以在履歷表上炫耀），也可能是建立某一種連結，
為之後的人生埋下伏筆。為了讓每個人都能在選擇的領域裡
發光發熱，我們必須做出改變，掌握必要的訊息與技能。現
在讓我們回到上一段的賽跑舉例，我們都在瘋狂的障礙賽跑
中賣力向前，然而我們之中的有些人沒拿到湯匙、麻袋或蛋，
對我來說，這更凸顯出這個議題比任何時候都重要。

　　當我們從只看到某些人一小部分的生活，到看見多數人
似乎在很多事情上得到成功，我們也接收了「擁有一切」的
想法，並且在內心加以強化，我們增加想要成功的項目，然
後酌以刪減，讓它變得更實際一點。我們比以前更想要追求
平衡，也更努力工作。傳統女性難以達成的兩大支柱，也就

是事業與家庭的平衡（追求事業的成功與照顧家庭），已經轉變並擴大成另一個（同樣不可能的）理想：能夠平衡事業（工時和工作量都大幅增加）和家庭（包括友誼、人際關係、屬於自己的時間、上健身房、保持容貌姣好、擁有健康的身心，還要讓大家都有目共睹）。一句可怕的「事業與生活的平衡」似乎簡化了其中極為複雜的議題，僅以少之又少的幾個字來為充滿性別問題的社會慣性解危。然而這幾個字說得容易，實際上卻很難做到。對我們這一代來說，「擁有一切」與其說是女性拒絕受限於社會框架之中的突破，更貼切的說法是女性想要不斷地嘗試與超越，並享受每一個樂趣。儘管這四個字在形式上擺脫了以往的狹隘觀念，但在概念上依舊受到壓抑。在現代社會的加強版當中，女性的成功依然受限於是否能取得事業與家庭或感情生活上的平衡，否則就會像是一顆老鼠屎壞了一鍋粥，你會聽到：「她是業界中的佼佼者，『可是』她談的戀愛還沒有維持超過一個月的──我絕對不想那樣！」

　　不妨回想一下，那些針對知名女性的採訪內容，最後似乎往往都傾向討論個人生活而不是專業上的成就。歌手蕾哈娜（Rihanna）就曾在公布與異業結盟的發表會上，令人印象

深刻地以「我沒在找男人，現在開始訪問吧！」來回應採訪者詢問她想找什麼樣的男人的問題。同樣的問題幾乎不會出現在男性身上。比方說，記者詢問英國知名唱片製作人及選秀節目評審賽門・考威爾（Simon Cowells）和葡萄牙足球明星 C 羅（Cristiano Ronaldo）的問題，大多和他們利用水漲船高的名聲舉辦的最新商業活動有關（說明一下，蕾哈娜的商業價值和這兩位可不相上下）。

這再再顯示出真實存在的偏見，因為竟然連專業記者也認為在工作場合中對男性提問最近的工作狀況，對女性則提問與個人家庭相關的問題沒有任何不妥。或許我們可以用兩個方式來對抗這個現象，一個是承認在採訪專業領域中的女性時，這樣的提問非常不恰當；另一個則是在相同的情況下也詢問男性同樣的問題，以示平等。然而更令人不安的是，即使在沒有框架限制的情況下，人們依然認為女性應該兼顧家庭與工作上的專業。一個女性打理家庭與照顧小孩的能力直接影響著社會看待女性的價值與成功的方式。

儘管女性在平權上取得了進步（自從格利・布朗的時代以來，我們已經取得了突飛猛進的發展，畢竟當時的單身女性根本無法申請貸款[51]），但是「擁有一切」的迷思成了我

們揮之不去的焦慮。值得關注的是，在求職面試中詢問女性是否計畫懷孕的問題在美國法律上是違法的，因為這正是長久以來的歧視現象（現在一樣也是）；然而一項由平等與人權協會（Equality and Human Rights Commission）在二〇一八年所做的調查卻顯示，36% 的私人企業雇主認為詢問未來員工是否有生育計畫是「可以」的[52]，而 46% 的雇主則認為在面試中詢問求職女性是否有小孩是「合理」的。除了對公然承認不合法行為很合理的觀念感到荒謬之外，我們必須質疑，如果雇主不認為懷孕或是已經有小孩這件事會影響女性在工作上的表現，為什麼還想要知道這些問題的答案？（除非他們想知道求職者的小孩是否能成為自己小孩的玩伴，因為老闆的小孩很難交朋友啊！）若依數據來看，顯然我們目前在對抗男女不平等的議題上，仍缺乏足夠的支持。有些雇主並不相信女性能夠在工作和家庭兩頭燒的情況下「擁有一切」，他們在某種程度上或許是對的，而這就把問題帶到了與之相關的產假、育嬰假、薪資差距等複雜問題（如果男性賺比較多，女性放棄工作回家帶小孩更符合邏輯？這種薪資差距是否來自雇主們對女性在某個時間點就會生小孩的預想？或許我們首先應該效法斯堪地那維亞政府著名的陪產假和育嬰假

政策）。

　　宣稱自己不想生小孩或是不在乎事業成就的女性，在社會上仍屬於前衛派，而小孩和事業都要的女性，似乎也一樣前衛；與此同時，如果一位男性了解到自己的「擁有一切」是實現當家庭煮夫的夢想：照顧小孩、烤麵包、做果醬，然後由另一半負責賺錢養家，也是相當前衛的。不過，真正前衛的態度，似乎是相信每個人的「擁有一切」並不相同，是按照自己而不是其他人想要的條件來定義。

　　畢竟這正是本書的主旨，這些方面的有效平衡對於身心健康至關重要。這跟擁有一切無關，而是知道自己想要的是什麼、什麼時候想要，同時學習如何利用生產力與自我照顧的優點，明白你其實缺一不可。讓我再次回到機器的隱喻，我們應該擺脫把自己當成機器的想法或做法，學會欣賞身為人類的多元複雜性。

　　我不知道「擁有一切」這句話是否讓目標看起來要求太高，導致有時候阻礙我們追求合理的生活需求：如果我們願意，經濟狀況也允許，為什麼不能把目標放在每週只工作四天，然後留更多的時間和朋友與家人享受人生呢？你確定那就是你要的「擁有一切」嗎？儘管我們已經看見越來越多的

千禧世代女性公開宣布不想要孩子，也有越來越多人追求每週工作四天以創造更適合自己的生活方式，當今文化仍然存在著一種誤解，以為每個人追求的「一切」都相同。所以，如果我們渴望一個擁有一切的機會，就必須先定義我們的「一切」是什麼，拒絕接受世俗的認定，把滿面笑容的孩子、繁忙的事業和其他東西拋在腦後，除非那是你想要的。

　　雖然我很想花一整天討論歷史上與現代社會對「擁有一切」的既定框架，但或許更有成效的選擇是聚焦在假使我們開始以不同的方式思考，那麼該如何將這個概念當成一種工具。我不認為應該完全排斥「擁有一切」的想法，畢竟我們都希望擁有工作的成就感和自我滿足感，如果只是單純讓自己拒絕取得平衡，然後在生活中隨興學一點這個和那個，或是僅專注在一件事情上，把自己當成單一功能的廚房用具，就未免太不切實際了。舉例來說，假若你決定自己不想追求事業上的功成名就或是養育孩子，但需要一份穩定的工作來提供基本的生活需求、豐富的社交生活、保持身體健康，並花大部分的時間和家人在一起，你還是需要清楚知道如何將這些需求以最好的方式融入到生活當中。然而我們確實需要拋棄「一切」就是「所有東西」的想法，並且建立「一切」

是指「我們選擇想要的所有東西」的觀念。同時，我們也必須明白，想要一直擁有一切是個天方夜譚。

還記得之前提到的圓餅圖嗎？假設我們在圖表上分別列出目標與願望，再將所有想要達成的事情全部放進一天的圖表裡，聽起來好像不可能；如果改成一個星期，似乎還是有點可怕；如果是一個月呢？聽起來開始有點意思了，也似乎是件值得忙的事；如果是一年呢？感覺上大部分（或許還不到全部）你想做的事，好像都變得可行了。擁有一切是每一天長期累積而成的自我實現，假使你的目標是成就感，那麼就需要一個更大的願景。這個過程可能不是追求工作與生活的平衡，反而比較像是工作與生活隨著很多因素和時間需求的不斷調整。不過，無論工作與生活之間的神祕平衡對你而言是什麼，我們都可以藉由一些實用的建議從中得到最大的樂趣。

圓餅圖上的項目會變來變去（有時是你的決定，有時則是因為你無法控制的狀況），也會根據所需占據我們生活中或大或小的部分。當你年紀輕輕又不用扶養任何人時，可能會在工作上投入更多時間；而當你年紀漸長，有孩子、年邁的雙親或其他責任需要你付出更多時間，你的圓餅圖也要跟

著做相應的改變。當我們意識到這一點，就需要專注在實用的方式上，好讓豐富的經驗融入我們想要或需要的忙碌生活中。所以，若我在這裡自豪地告訴你「無論生活有多忙，我依然可以做喜愛的事」其實一點意義也沒有！沒錯，我沒有家累又身心健康，我是自己的老闆，而且擁有各種通勤選項，這可能和你截然不同。或許你在某些領域有更多或較少的責任和義務，所以我無法告訴你應該或不該做什麼。為了擁有更多優勢，你必須釐清自己的「一切」在工作和每一個片刻代表的是什麼，協調並投入時間來達成所有你渴望的事，同時享受圖表中無關「成功」，卻能讓你感到幸福與成就感的優先事項。

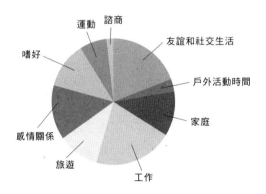

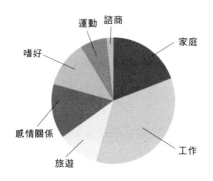

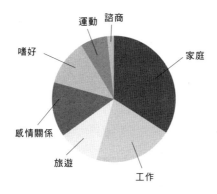

　　讓我們拿起這張代表你生活的圓餅圖，將所有的部分攤開來，去除別人告訴你應該要有的部分，只留下能幫助你實現想要的「一切」的成分（你不可能囫圇吞棗地通通一把抓，然後希望得到最好的結果），這些剩下的每一種成分都扮演了重要的角色，並相輔相成。因此這一切都取決於我們希望自己的生活由哪些成分組成（聽起來有點奇怪嗎？），以及

我們如何實際地將它們融合在一起，好維繫生活的圓滿。

　　「好喔，但是在生活中增加更多計畫和事情，怎麼會是一種自我照顧呢？你確定這是美好生活，而不是讓人倦怠的配方嗎？」你可能會這麼想，然而擁有一切的意思並不代表什麼都要做，我們會在下一個章節做更深入的討論。不過在自我照顧成為另一種越多越好的心態之前，你必須牢牢記住，在嚴以律己和真的需要停下來好好休息之間，需要一個平衡點，而那個平衡點不應該在倦怠和崩潰的邊緣。自我照顧不是隨時得到最好的享受，也不是盡可能在一天之內做最多體力可負荷的事直到不支倒地。如果你想為生活增添不同的經歷，事先做好規劃會讓你擁有更愉快的時光。所有的事情不會自行做最好的安排，因此建立規範才不至於讓自己不堪負荷。如果你正在經歷心理健康問題，並且感到疲憊不堪，就應該優先考慮某些自我照顧的方法，像是定期進行諮商（經濟狀況允許的話），而不是其他非正規的療法。這可能需要一段時間，不過一但掌握了正確的平衡，就能夠在每天的日常生活中得到更大的滿足。

　　首先請做最重要的事：你需要找出圓餅圖的成分，這是整個過程中最關鍵的部分。很多時候我們覺得生活中最重要

的事其實都不是優先事項，這或許就是讓我們偏離長期目標或無法享受日常的原因；理解這件事並搞清楚「你要」把時間用來做什麼事，而不是「你覺得」自己可以做什麼，這點非常重要。

比如，你可能覺得找到心儀的另一半是當務之急，因為每一次你的朋友都要陪親密友人而沒辦法跟你約。你可能會有點忌妒，或覺得自己好像錯過了什麼，但是如果你下載並註冊了幾個交友軟體，卻還是遲遲不採取行動，甚至常常不回留言或婉拒邀約，或許維持一段感情關係並不是你現在的優先考慮。相信我，如果你認為約會應該包括在你的「一切」當中，但事實上你的內心深處還有一長串想要先做的事，後果絕對不堪設想。也許你只是單純沒時間把約會擺在第一順位，那也沒關係，只要你願意接受這個事實。千萬別為了一場註定失敗的戰役，苦苦追求你根本沒那麼想要的東西，至少現在先不要。為了擁有對現階段的你來說更有意義的「一切」，也許有些事情就是得先擱在一旁。

這一切都不是一成不變的，而是會隨著你做出的承諾以及行動之後的狀況，再根據你的意願進行調整。我們現在已經明白重點不在於一直擁有一切，而是搞清楚自己的渴望，

實際考量整體的時間與優先順序後，再一一去實現。如同我們討論過的其他主題，我們一生的目標和渴望也會隨著時間有所轉變，重要的是開始懂得接受這些改變，而不是想著與之對抗。

你可以透過以下這些問題，來幫助自己找出答案：

1. 你花最多時間做的五件事是什麼？

2. 你希望做更多的，是哪一件事？

3. 你花最多時間做的五件事，是否符合你在第四章設立的成功目標？

－假設你的其中一個目標是將副業轉為正職，卻不在你花最多時間做的五件事裡，那你可能需要做些調整。

－同樣地，確認這五件事確實是為了實現你的目標，而不是其他人加在你身上的壓力使然。你實現的究竟是自己的夢想？還是周遭人的願望？

4. 你生命中最重要的三件事是什麼？

－是否符合問題 1？

5. 你一直拖延不做的事情是什麼？為什麼一直拖著？

－是因為和圖表上的其他事情比起來，你並沒有真的想

完成這些事情嗎？或者你需要重新評估時間的分配？

　　決定了你的「一切」包括了什麼之後，接下來需要做的就是安排。我知道光在工作以外的時間聽到「時間管理」這四個字就很累人，但有時候積極做好安排，能讓你確認並檢視自己應該怎麼做，也才能在空閒時做想要做的事。表面上看起來，這似乎是件乏味的事，但我認為這是一種個人獨有的特權：你打算在一天當中如何有意識地運用時間，並賦予時間給自己想要的事情，一切都由你說了算。每一個時間的長短安排，端賴你個人的狀況而有所彈性，但是無論你的情況如何，這麼做都能讓你擁有對生活的掌控感。如果你能適時安排至少一個比較輕鬆的時段，長遠來看將會為你省下很多哀怨的時間。我並不是要你確實給自己一個小時又二十二分鐘的時間和朋友喝一杯，而是如果某件事情對你來說真的很重要，就應該放進你的安排之中。

　　有時候你就是得先做一些無聊的計畫和時間管理，以確保能從之後做的事情當中得到樂趣。輕鬆工作其實也和效率有關，讓生活多采多姿的祕密不是像個超人一樣擁有很多時間，而是讓工作變得最有效率，或者仔細安排你的優先事項。

這確實都是讓一切得以平衡的關鍵，而你花在規劃安排的那五分鐘，將會讓你享受目標導向的優先事項所帶來的無窮愉悅與滿足感。最後，想要讓自己想做的每一件事都列入忙碌的生活安排中，最有效的方法之一，就是確保自己工作時的每分每秒都盡可能達到最大的效益與生產力。

如何做安排，完全看你自己的決定，但是沒必要將週末時間也排進去，除非你有太多想做的事，所以寧願多做一點也不想放棄；每天的排程也不一定都得一樣，有些時候你知道自己會上健身房或是拜訪家人和朋友，但你也知道這些事沒必要強制固定花幾個小時去做，你想要時間自由一點也可以，這完全看你自己的想法。以我的需求來說，如果希望在圖表上增列更多事項，就需要更清楚仔細地規劃。假設我想要達到工作目標，同時維持每個星期至少和小孩們共進一次晚餐、為了身心健康上健身房，還要留一點獨處的時間，我知道自己最好忍受那五分鐘的痛苦好好規劃，現在痛苦總比整個星期慌張忙亂好。請記住基本原則：想做的事情越多，就得規劃得越詳盡，才能做更多事；事情越少，規劃得越鬆散，也就做越少事（而這本身也是種自我照顧）。此外，值得記住的是投入精力規劃與安排，剛開始是一種計畫，但慢

慢會成為一個習慣，就像為了維持良好的睡眠習慣而刻意在睡前安排放鬆時間那樣，一開始會需要一點自制力（我當然還做不到），但是久了就會變成一種慣例——做計畫就是一種能讓你得到回報的習慣。

聽起來好像我一直在重複說過的話，但我相信所有的關鍵就在設立界線和學習什麼時候該做變動。比方說，我發現自己必須更認真執行圓餅圖中比較無法樂在其中的項目。我很愛上健身房，因為運動對身心有正面影響，加上我也很重視身材和健康，所以這對我來說是優先事項，我絕對會把這件事放在圓餅圖上；但是如果我沒把健身時間安排進去，我大概也就默默略過，因為儘管我喜歡運動帶來的正面影響，但運動對我來說還是比較像不得不去做的事，如果可以的話，最好一邊睡覺就能一邊達到運動效果。這算是一種自我破壞嗎？如果我必須開會卻忘了安排時間，我大概也找不到時間或精力來想辦法安插，然後這件事就猶如浮雲般飄浮，直到每個人都忘記這件事，或者一直延後到二〇五二年。上健身房也是同樣的道理，因為我把這件事看成工作，所以我的健身時間就像上醫院看病一樣需要事先預約，這樣我才知道是哪個星期哪一天的時間（我都排在上班前的早上），也更可

能做到，因為就在排程上。這麼做也能在我的腦海中建立清楚的時間表，畢竟這些事都在行事曆上盯著我，讓我難以拖延或忽略。

> **自我破壞（Self-sabotage）[53]**
> 破壞自我最大利益與自我意識的想法和行為。

有時候就算已經行程滿檔，還是有很多想要做的事排不上去。我想最好的方式就是建立清楚的類別，然後彈性調整做每一件事的時間，並隨著需求增加或刪減。重點在於學習靈活調整，同時避免過於自我苛責。你需要明白人生的任何一個時間點能做的事有限，而你可以從圓餅圖綜觀自己的時間並進行調整。例如某天早上你突然從圓餅圖發現自己最近的工作時間竟然占了 90% 以上，還有上個星期臨時插進來的健身課和與朋友的晚餐約會。你可能真的很想上健身房，也想和朋友共度晚餐，畢竟最近真的忙翻了。但或許提前取消健身、重新再和朋友約另一個時間，才是真正的自我照顧，而不是到了當天快下班的時間還忙得拖不了身，然後才不得不打電話給人已經在餐廳的朋友取消約會，健身課也早就錯

過（更別提白繳的報名費）。雖然結局一樣，但心理上的影響卻不同——一個是覺察並調整，另一個則有失敗的感覺。所以你可以選擇為成功做好準備，即使最後「成功」和「失敗」的結果完全相同。光是這個改變，就足以產生「你擁有人生的主導權並設下界線」和「你試圖從被主宰的生活中找到平衡」的區別。

不過要是我以為每個人都能夠完全掌控自己的時間，或甚至每個人都有同樣的掌控權，未免也過於天真。我有幸擁有許多特權，除了原生家庭賦予的幸運之外，我有自己的公司（儘管有許多連帶的時間挑戰），這些特權讓我能夠強制設立一些界線，我也很清楚由於社會與經濟的因素，其他人可能無法享有同樣的權力。很多事情都可能阻礙我們的行動，像是經濟上的壓力或限制、長時間工作或身兼數職、心理健康因素或缺乏足夠的支持、無法負擔工作地點附近的房租所以得住比較遠而長時間通勤等等，有些事情沒有轉圜餘地，也會影響到實際的時間掌控權。

比方說，如果你二十一歲，除了自己沒有其他義務責任，工作安排也有彈性，那麼任何工作以外的時間都是你可以控制且花在自己身上的時間；另一方面，如果你是一位有三個

小孩和一份輪班工作的單親媽媽，不但在時間的掌控上無法透過效率來改變（因為排班的固定工時），非工作時間也沒辦法自由運用（為小孩準備三餐、接送小孩上下學……需要做的事情還很多），更不用說你的圓餅圖甚至排得比我還滿，雖然某些地方可能還有空間，但基本上幾乎沒辦法變動，也有太多不能刪除的部分，所以你能自由運用的時間也不同。

所以如果我只是在這裡誇口只要有心什麼事都做得到，就太無知了（也令人忍不住要握起拳頭）。不過就像我說的，你有責任對想要如何運用自己的時間做出積極的決定。無論個人的狀況有多不一樣，只要能夠改變心態，從感覺無法掌握自己的生活，到承認有些事情真的改變不了，但自己還擁有其他事情的掌控權（就算你決定把時間花在休息和恢復上）就會有幫助。

還有，如果你無法誠實面對自己的實際狀況，一切也於事無補。你不可能期待把所有事情全擠進排程裡，只因為這些都寫在你的日記上。如果你的週末計畫只有和朋友出去玩，那當然沒問題；但是除了和朋友出去玩，第二天還要和你媽共進午餐，那麼你大概不該通宵玩到星期日，然後在主菜上桌時忙著跑廁所，或是當你媽問你這個週末過得如何時

猛打酒嗝。你當然還是可以照做，但是必須先考慮現實狀況。因為意外就是會發生，你也可能誤判時間或自己的體力，因為我們都只是凡人。學著善待自己，從錯誤中學習，然後再打理好自己，繼續前進。我們都是這樣一路走來的。為自己的成功做好準備絕對不是在錯失目標時痛打自己一頓。

最後我想告訴你，你可以找出每一件想做的事，在你用顏色標註記號的筆記本裡一一記錄下來，規劃完美的平衡，然後丟下一句：「去你的！」你知道如何力求平衡這件事很重要，但知道你也可以在任何時間點做出拒絕更重要。現實是，有時候你會做任何想做的事：和朋友見面、賣力工作、在健身房大汗淋漓、睡得很好，但有時候你會一團糟。有時候你的圓餅圖看起來就像一個單色大圓點，因為你的生活只有工作或家庭，或者你正歷經精神低落或身體不佳的階段。重要的是你知道在整個晚上沒睡好的第二天醒來後，看著完美計畫的週末行程，看著圓餅圖上的每一項都符合你的目標，然後你決定把這一切都取消。你可以一覺醒來發現自己沒辦法面對，於是你傾聽身體的聲音，並且做出調整，決定自己必須說「不」。這也是一種自我照顧。其中的意義在於如何將時間最有效地運用在我們喜愛的事情。而全新定義的「擁

有一切」的力量與自我照顧，就是懂得如何在所有想做的事
情之間取得平衡，以及決定什麼是自己不想做的。

第七章

無所事事的藝術

　　我們在本書的第一部分談到了自我照顧其實是一種具生產力、目標導向、有成就感的工作。接著，我們也提到了在工作之餘做自己喜愛的事來為生活重新注入活力並擁有你的「一切」也是一種自我照顧。不過我們尚未討論最普遍被大家接受的自我照顧形式：停下腳步、休息、什麼事也不做。雖然這絕對不是自我照顧的唯一形式，但有時候我們需要專注於**活著**，而不是**做什麼**。為了「擁有一切」，我們必須將休息的自由納入其中，進入「無所事事的藝術」階段。

　　以現代或電腦科技的形式來看，「擁有一切」似乎忽略了一個事實，那就是為了擁有一切，我們必須有意且能夠經常無所事事。如同之前探討過的，人類對於時間就是金錢的焦慮感不一定能讓人更明智地利用時間，反而導致我們整天一直找事情做，像陀螺般停不下來，深怕一停下來就是「懶惰」。我發現發明電燈這項人類史上最有用的東西的發明家

愛迪生最具啟發性，根據記載，他發明燈泡的動機是為了帶動二十四小時永不停歇的生產力[54]。他似乎認為人們的「發光發熱」不應該受限於睡眠時間，還有什麼比打破自然的晝夜週期更能獲得自由與解放？「當我們貪圖睡眠時，真正的贏家正在徹夜努力打拚」不是只有社群媒體上西裝筆挺的上班族才會說的話，這個概念已經悄悄地擴散到廣泛的文化中。這就是為什麼如同這本書所討論的，我們既被視為過勞的一代，也是玻璃心、愛走捷徑、懶惰的屁孩。我們要麼用盡全力死命賺錢，要麼筋疲力竭地趴在沙發上像隻瀕死的蟲子。我們對於「無所事事」這種有計畫的、中性的、必不可少的狀態的想法似乎完全消失。

環顧真實生活與網路呈現的一切，我看到兩種自我照顧的刻板印象，讓我姑且稱之為「健康戰士」和「Netflix 殭屍」。接受這兩種自我照顧形式的大有人在，但無論哪一種都無法滿足我們對自我照顧的需求，甚至連邊都沾不上。當自我照顧淪為用柔和色調粉飾成的「健康世界」——由「正念」等術語打造出來的億萬美元產業時，許多人往往無法接受或認真以對；與此相反的畫面是有個人像殭屍般坐在電視機前，面無表情地盯著 Netflix，兩手還漫不經心地在手機上的社群

媒體來回滑動，這也不是恢復精神和體力的最佳方式。難怪我們聽到「自我照顧」這四個字時會有兩種截然不同的反應，若不是近乎邪教般地崇拜，就是覺得根本浪費時間。

不過我想談的是「有效地」自我照顧，了解「無所事事」不該是因為累掛了才不得不爬向的選項，而是一種生活的基本要素，更是生產力和職場與非職場生活的核心。就我看來（重新回到機器的比喻），我們比較像一輛電動汽車（無法加了油就立刻啟動），我們需要花時間充電，才能再度發揮最佳狀態。我們需要重新看待「無所事事」，從自我放縱、浪費時間、千禧世代的狗屁等刻板印象，轉為一種實用和有用的概念：為生產力與效率重新充電與啟動。這和熄火停著的車不同，我們並不是什麼也不做，而是正在充電，為了需要繼續前進儲備足夠的能量。我們的充電不是一種選擇，而是基本需求。我們常常在知道自己需要的時候插上插頭充電，但有時候卻比預期的更快耗盡電力，就好比在酷暑之下的用電量比較多那樣。如果我們不能參悟其中的道理，並有效運用在工作的質與量上，可能就會出現像是情緒、自我價值和心理健康等更複雜的問題。

有一件我感到非常耐人尋味（或荒謬）的事，現在幾乎

每一家企業都對在生病之前請病假感到不以為然，即使你知道自己真的體力不支，也開始感到病毒的侵襲（我自己寫到這裡都覺得有點心虛，我當然不可能讓員工覺得他們也可以這麼做，因為覺得自己必須休息而請假這件事，就和「你家的狗咬爛了你的作業所以必須請假一天」的概念一樣，是職場上心照不宣的禁忌）。但是如果你只要在床上休息一天，接下來整個星期都健康無虞，不是挺合邏輯的嗎？相反地，二十一世紀的職場潛規則規定你必須等到真的感冒，也傳染給整間辦公室的同事，還沾沾自喜地為自己戴上為了工作不請假的榮譽皇冠之後才開始考慮請假。而終於有人忍不住求你請假回家（如果幸運的話），你反而比一開始就請假還需要休更多天才能完全康復。隨著辦公室潛規則的興起，感冒已經不再是在家休息或是工作進度變慢的正當理由，除非是大爆發的流感才能名正言順。不過這個潛規則可能將隨著二〇二〇年的流行病而改變，因為我們害怕被傳染（以及散播可致命疾病）的恐懼，已經勝過擔心感冒會帶給人虛弱和不敬業等負面觀感了。

　　我記得自己在銀行實習的第一個星期時，跟我同梯的一位牛津劍橋名校畢業生每隔幾分鐘就得上廁所，我後來忍不

住建議他或許應該為了他自己和周遭人的健康選擇回家。他臉色蒼白，震驚地瞪大雙眼看著我，好像我要他吐在經理的大腿上似的，他自豪地說自己在參與研究生計畫的兩年來，從來沒有請過一天病假，現在也不打算這麼做，因為他還想要這份工作。我敬畏地把注意力轉回眼前的電腦螢幕，並期待自己的企業實習生涯能夠成為未來抱負與能力的指標。

可悲的是，我不認為疫情大流行之後的世界，會對請病假這件事的態度產生一百八十度的轉變，反而比較可能出現以下三個不同層次的選項。

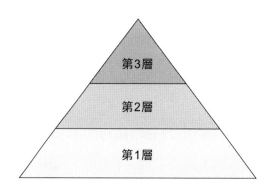

第 1 層：「繼續上班工作，但是清楚說明如果情況變得更糟，你會申請自我隔離一段時間」，這麼說的意思是昭告團隊你保證不會「真的」在家休息（真是太可惜了）。

第 2 層：「在家工作」，你真的生病了，但還是會繼續工作，正如你在疫情大流行之前的主張，你「不需要休假」，但是也關心飛沫傳染帶來的危機。你當然也會以某種方式表現出自己「真的病得很重」，例如在 Instagram 出示溫度計，把這個訊息發給辦公室追蹤你的人和有監視狂的老闆。如果社群媒體不是你的管道，你還是可以透過線上會議發出沙啞的聲音來證明。

第 3 層：昏迷或住院，無法工作的病假。

我將這三個層次以金字塔階級圖形，來顯示無法工作的病假有多麼令人不能接受，特別是疫情期間的科學證據直接證實這一點。但撇開諷刺的玩笑話不談，這個病假分析的重點在於強調在緊急狀況發生「前」，無論是疾病、疲勞過度或其他任何不可避免的意外，花時間休養生息的重要性。如同有句話說的，衣服破了只要即時縫一針，就可以省下之後縫九針的時間。

身為一位喜歡在社群媒體上關注其他企業家以獲得靈感和情誼的經營者，我可能過於暴露自己「不眠不休」的工作意志，其實我已經取消追蹤許多原本真心敬佩的人士，因為他們不斷湧出「直到獲得回報之前絕不歇息」、「他們睡覺

的時候你在工作，他們開趴狂歡的時候你在工作」之類的貼文。在跟隨那些成功人士的故事時，我為他們猶如超人般的意志與能力感到佩服與啟發，或許這就是我明明睡眠不足累得要命，還是覺得需要貼文公諸於世的壓力。我開始意識到「沒有休息日」的心態是一種病態的美化，在過勞文化中，筋疲力盡被視為一種道德優越的榮譽徽章。你當然可以決定不休假，因為在極為稀有的狀況下，這可能是你工作的最佳狀態（實際上並不是），不過你還是需要時間休息。

對我而言，不休假其實是缺乏工作與生活之間的界線，缺乏對人類極限的理解，也是缺乏能力將自我照顧當成一項有效且優質的重要工作。你應該具備自我照顧的能力，好讓自己在機會來臨的時候表現得更好，不休息不會讓你變成一個更好的人，更不會讓你擁有機器人般的效率，可以每天連續工作二十四小時，從來不需要休息。不休息是一項我們錯誤地將產出、自我價值、成功與努力不懈地工作綁在一起的產物。你或許能夠比平常更長時間地努力工作，而且效率驚人，但有句話是這麼說的：如果你的底線（無論是什麼）不被重視，你的工作成果也同樣不會被重視。我們必須開始重視有效的自我照顧，就拿在別人睡覺時工作這個議題來說，

那不是一條通往成功的路，而是通往過勞的路，沿途可不美麗。

自我照顧的概念是這本書最重要的一環，因為過勞甚至不再被認為是一件壞事。我非常討厭大家認為我一直都在工作，也討厭當我不得不澄清自己並非一直在工作時必須冒著聽起來有點懶惰的風險，遺憾的是這就是我們創造的工作文化。當你抱怨工作太累工時過長時，每個人都會勸你停下腳步，但你就是做不到，因為你真的很努力工作。幾乎沒有人會覺得這樣的想法或做法有什麼不對勁。但是當你真的過勞了呢？它讓你無法繼續下去、身心俱疲、恐懼不已、心理健康出問題。而有效的自我照顧：重新充電再恢復的藝術，是避免過勞的唯一方法，也是避免讓自己落入無法產出的狀態與照顧心理健康的唯一解方。請容我再次提醒：你不需要在生產力與自我照顧之間做選擇，它們是一體的兩面。無所事事是一種產出，自我照顧也是一種產出，儘管產出的不是任何有形的物體。我為這個世代深感憂心，因為我們無法內化這樣的概念，但這卻是我們深切所需的。

讓我們為自己做一些改變。

「好吧。但是真的需要用一整個章節討論無所事事嗎？

我們不是已經知道如何無所事事了嗎？」你可能會這麼說。然而無所事事不只是什麼事都不做，它是一門藝術，也是一項技巧。它不只是看 Netflix、擦按摩精油和敷面膜；有時候這些活動都不能算在內。無所事事是一種有效且必要的自我照顧。

　　進行有效自我照顧的第一規則，是思考自己「需要」什麼，而不是「想要」什麼。自我照顧和生產力一樣需要紀律。別擔心，我不會再拿出計畫表讓你填，但是接下來這件事非常重要：無論我們如何耐心傾聽身體的聲音，有時候不一定能完全理解自己的需求。我們並不是遊戲《模擬市民》裡的角色，頭上沒有彩色水晶會告訴我們需要什麼。我們有時候就是很難分辨「善待自己」和「拖延」的區別。如同我們所知，有時候照顧自己最好的方式是保持高效率，也就是在最短的時間內完成任務，在期限之前把事情做完，因為有時候什麼都不想做其實是一種拖延。但是，我們有時候也真的需要停下腳步為自己充電。雖然我可以幫助你理解自己和你的需求，但是這部分實際上並沒有任何的說明書。如果這個世界上真有一個工作時間、做事時間以及無所事事時間的比例準則，我們應該就能完美平衡三者，當然也不會有這本書的存在了。

所以你需要試試看，學習怎麼做最適合你自己。這是一段反覆地試驗、找出錯誤、認識自己，然後在錯誤發生後避免重蹈覆轍的過程。學習了解自己的需求，通常非常難以解讀，但卻是一種長期的獎勵，而非短暫的立即滿足感。成年的祝福與詛咒就是不再有人能夠告訴你應該怎麼做才對，學習與實踐需要時間和努力，但這是你能為自己、你的工作、你的心理健康，以及你的人生所做的重要決定。

　　想要開始了解自己的極限，最好的方式就是對自己誠實與聆聽內心深處的聲音，並且從結果中學習，然後再重新試一次（即使那涉及不要再聽從你的直覺）。比方說，我知道自己的天秤往工作那一邊傾斜，所以當我覺得自己需要什麼也不做的時候，我大概會從善如流。反過來說，當我內心有個聲音要我更努力工作時，我需要抱持半信半疑的態度，因為那不一定是對我最好的選擇。你必須知道自己傾向哪一邊，然後見機行事。同樣地，當我發現自己比平常更「無所事事」時，這時候的我可能需要借助外力拉自己一把，透過重新投入工作來照顧自己。拖延有時候是身體提醒你需要休息，有時候就只是拖延。你得自己分清楚。

　　「聆聽自己」和「承認有時候你不一定最了解自己，所

以可能弄錯自己的需求」聽起來可能相互矛盾，然而就在我們可以也應該學習了解自己的同時，我們自身也不斷地在轉變，以往的答案或許也不再那麼適用。就像是適應每天都在改變的課程大綱，我們不可能永遠知道自己的需求，哪個人類有這種能力？但是特定的自我意識會從某個地方冒出來，這是值得我們探索之處。總結來說，我們需要的自我照顧沒有任何公式可言，我們只能盡量地學習，然後以此為基礎，在不足的地方或不如預期時進行調整。

找出自己的界線代表我們可以利用它成為優勢，而不是將其視為阻礙我們前進的限制。大學課業特別繁重的那時候，如果星期一有一篇論文要交，星期四還有另外一篇，我會從前一個星期就開始加倍努力，花更長的時間用功，然後提前完成星期四的論文，接著再給自己一整個星期的放鬆時間。我知道這聽起來很瘋狂，誰會把在忙碌的一週裡多寫一篇論文當成「自我照顧」？這個格蕾絲真是個奇怪的女孩！但這正是因為我非常了解自己，知道如果有什麼事迫在眉睫，我勢必一刻也無法完全放鬆（這部分我還在努力），我還知道如果自己能在這段時間裡更加努力，我就能有整整一個星期的時間做自己喜歡的其他事情，或是有更多「無所事事」的

時間。那對我來說就是在緊湊時間表裡的一種自我照顧，是我設立並堅持的界線，因為我知道怎麼為自己充電最好。

我也不認為「無所事事」代表完全擺脫傳統朝九晚五的工作，若要我說出在日常生活中花最多時間做的事，工作肯定占前幾名，但絕對不是唯一。我常常覺得搞定十個人的晚宴比一整個下午準備演講稿還累人，這也證明我們被許多各個層面的不同類型「工作」拉扯著。只因為某件事情不屬於職業性質，不代表它就沒有所謂的限制與界線。無所事事需要我們從社交和情感的工作中抽離，以減輕想要成為一個有愛的朋友或給予支持的伴侶、想要製造一段美好時光，以及任何我們被期待或經常想要成為什麼的壓力。這不是一件簡單的事。

關於「探索自我」這部分，我們可以從認識自己是外向或內向的人，以及情感和社交能力的分際當中，得到珍貴的訊息。一般來說，內向的人通常傾向於自我修復，在社交場合較為侷促；外向的人具有較高的社交能力，對獨處的需求也比較低。

有趣的是隨著年齡增長，我變得越來越內向，這也是我一直認定的成年生活與成熟度使然。或許這來自於當我需要

不停地跟許多人一起談笑風生、互動或是成為人群中的焦點時，看到那些我景仰的人總能與自己欣然獨處的啟發。對我而言，成長就是很多時候都能自在地獨立自主。我在十三歲的時候和我媽一起搬到了倫敦，她大多數的晚上都必須工作或出差，所以我也就輪流在朋友家裡借宿，免得一個人在家。我清楚記得有一年的期中假期，我完全沒進家門一步，因為我不想自己一個人，我從 A 朋友家到 B 朋友家，再到 C 朋友家，最後又回到 A 朋友家裡，這麼大費周章的唯一原因，就是不想孤單一人。說實在的，我甚至沒那麼喜歡其中一兩個朋友的作伴，但只要不讓我單獨一個人，倒也無所謂。我可以肯定地說，從那時候開始我就費盡心思地想努力改變，因為怕落單這件事彷彿是一種有毒的不安全感，而不是基於喜好或情感需求。

結果，我發現自己對獨處產生了熱愛，甚至到了必須強迫自己在週末夜晚出門隨便與哪個人見面都好的地步。這個一百八十度的大轉變讓我不由得提出質疑，到底我是真的那麼愛和自己在一起，或者我只是變得與世隔絕。因為我從內向朋友那裡得到的訊息正好相反，他們都想嘗試增加自己的社交互動，這證明了每個人都有各自的需求，你可能想或不

想要增加或降低你的社交能力。我很清楚自己的內向人格與外向人格每一天、每一個星期、每一個季節都在不斷地波動，我發現它們會隨著時間、圍繞在身邊的人和我而改變，而這也讓我更有理由去理解自己的生活模式。我們也能夠從了解朋友的需求與喜好中得到很大的益處。我發現如果對方不明白因為我正處於獨處時間，所以不想隨性去做某些事情時，我們之間的友誼也會跟著冷卻。我並非刻意不想順朋友的意，只是覺得應該順應自己的需求。我有可以一起放鬆的朋友，還有真的非常喜歡但得有足夠精力去相處的朋友，我知道想要獨處可能是個地雷區，但只要越能夠留意自己和周遭朋友的需求，就越能夠將「無所事事」融入生活當中，並讓每一個人都更快樂與滿足。

我很喜歡卡洛琳・歐唐納休（Caroline O'Donoghue）二〇一七年刊登在《紅秀》（*Grazia*）雜誌上，一篇名為〈別再假裝你的脆弱是自我照顧〉（*Stop Pretending Your Flakiness is Self-Care*）的文章[55]，她把我所看到許多圍繞著自我照顧的矛盾都轉化為實際的文字表達，當然很多詞句現在來看可能不合乎時代背景，不過有些描述依然很到位，像是提到有很多人把自我照顧當成取消和別人約定好的事，我們都這麼做過，而

且很難停止。歐唐納休認為當雙方都同意（幾乎是無限期地）延遲約會時，大腦即時產生的腦內啡長期下來對我們有害。與大多數的立即滿足一樣，這種感覺會令人上癮，但是這種血糖上升的狀態很快就會消逝，也讓我們難以承認或許多做一點努力才是正確的事。我們永遠無法正確解讀自己需要的是什麼，但是只要擁有正確的動機和足夠的意願，就能夠有一個好的開始，而且常常會做對。

自從致力於了解屬於我的無所事事以來，我就以兩種形式將其納入生活：不做計畫和不做任何事。我認為每個人都需要結合這兩種形式，如果你特別不信任自己的直覺，我會建議先從不做計畫開始，然後從中觀察自己的日常安排，用以更了解自己。舉例來說，我刻意不在週末做任何計畫，週間的某幾個晚上也是如此，我的神奇數字是從星期一到星期四之間，至少有兩個晚上完全屬於我自己（我媽則是除了週末以外每天晚上都有社交活動，所以神奇數字完全跟遺傳無關，否則她的社交時間鐵定讓我爆炸）。這些計畫都是我多年累積的結果，我知道自己需要多少充電時間，然後再一一規劃到行事曆之中（同時嫉妒地斜眼看著我媽）。

我從今年初開始訂定週末休息的規則，這可是我打從畢

業以來的頭一遭。除了工作時間之外，我一直都有各種事情忙著做，也就是說我連週末都在忙。所以這是我第一次設立明確的界線，我必須告訴你這大幅改善了我的身心健康、創意以及工作品質。我最初以為這是一種必須努力「賺取」的奢侈品，能夠幫助我放慢整個步調，但實際上這是一條界線，完全改變了我的工作品質。計畫性休假還有無窮無盡的好處，像是我發現自己在沒有任何計畫的情況下，心情更愉快，因為我的大腦已經把這段時間設定為停機充電時間。而當我在自己安排的時間裡休假時，我完全不覺得自己是在拖延行事，但是在不做任何事的時間裡卻無法享有同樣的放鬆感。除此之外，你會發現自己在工作時會將計畫休假的時間放在心上，也就是說你會提早把工作完成，而沒有工作等著你做的感覺更是一種暢快的解脫。帕金森定律（Parkinson's Law）指出工作會自然填滿時間，也就是說就算給再多時間，大部分的人總是會在最後一分鐘才把事情做好。所以為了效率和個人的幸福著想，設立界線並指定時間非常重要。

　　話雖如此，我們還是需要能夠判斷自己何時該說「去你的，我需要休息」。通常我會在做了計畫也沒用，或是意外發生的事耗損了我所有力氣的時候，放下一切癱在這個無所

事事的安全網。任何一件事都可能意味著你的狀態不是百分之百（甚至連百分之四十都不到），而你需要暫停工作。這個暫停是讓你意識到有時候我們就是做錯了，或者有時候就是會發生一些鳥事，你需要的就是對這些情況說「去你的」，然後什麼事都不做。每個人的「去你的」情境各不相同，得根據個人的狀況而定，有些人可能無法經常這麼做，但這絕對是一個可以使用的選項。照顧小孩、需要身兼數職、不確定今天請假明天會不會被開除⋯⋯有很多原因讓我們不一定每一次都能做出這個奢侈的選擇，在這樣的狀況下，我們只能盡可能地找出時間來無所事事，像是趁小孩睡午覺時休息三十分鐘，在午休時間「認真地」休息，你一定比我更知道自己有哪些時間可以無所事事，重點是把這件事當作一回事，並盡可能成為你的優先選項。

　　不做計畫是對自我照顧的一種參悟，尤其在漫長的人生當中，如果計畫做得不夠周全，就會更常面臨許多「去你的」局面。但事實上沒有什麼是可以完全避免的，畢竟我們是複雜又不可預知的生物，住在一個既複雜也無從預知的世界裡。如果你無法按照自己想要的方式工作，當然也就不可能做計畫。我的「去你的」，大概都是因為睡眠不足、精神低落或

是無預警的精神不濟所造成，其中最好的例子就是每一次連續開會之後盡情吃喝的晚餐。而當進度落後、無法集中精神或是完成工作的時間比平常得更長時，我知道自己需要放下一切，因為充電的時候到了，可能是半個小時，也可能需要整個下午。當然很多工作都不可能讓你想休息就休息，我的也一樣。這時候，計畫中的無所事事時段就變得格外重要，計畫得越好，拖延現象就越不可能發生。「去你的」這個選項其實不算是個正向的心態，即使當下是最正確的決定，卻會阻礙原本的計畫，也會有需要承擔的後果。不過世事難料，無論計畫得多周延，任何事情都可能在任何時候發生，人生就是這樣，這個世界也是如此。我們能做的就是從中記取教訓與學習，並且善待自己。

　　有效自我照顧的另一個部分，就是了解哪些事情能為你「充電」。我知道聽起來很像黑膠唱片一直跳針，但是這裡頭最重要的一環還是真正地了解自己，以便順應你的需求和界線。我發現自己其實並不如想像中那麼了解自己，但我總認為自己算是個最有自我意識的人。我們通常不知道哪些事會讓自己感覺很糟，或者我們可能比較偏向知道哪些事會讓自己感覺良好。我不打算在這裡長篇大論，但至少我們都應

該為自己花點時間和精神，弄清楚自己喜歡什麼？不喜歡什麼？有哪些界線或底線？就像你很清楚其他人的一樣。

練習一下

首先，翻開筆記本的空白跨頁，在左頁寫上「讓我感覺良好的事」，右頁則寫上「讓我覺得很糟的事」。接著，在兩個標題下方分別寫上「限制與例外」。我記得自己曾經在決定讓生活變得更有紀律，並讓工作成為我想要的樣子時這麼做過。我們的生活當然不可能都跟著自己喜歡的事情打轉，但並不表示我們不能想辦法過得更好。建議你可以連續兩個星期試用這個表格，看看是否呈現出特定的模式。

以下是我的部分例子：

讓我感覺良好的事	
	限制與例外
晚上和朋友見面小酌或是共進晚餐。	工作太多，或一個星期已經約出去很多次了。但只要不過度，即使經過緊張的一天，仍然覺得感覺不錯。

下班後散步。	毫無例外，每天一定要做，或是用其他類似的健康活動代替。
三點的時候享受一根巧克力棒。	絕對沒有例外的時候。
早上邊閱讀邊喝咖啡，或通勤時閱讀。	如果我在捷運上，臉已經貼在另一個人的胳肢窩底下，則可以聽Podcast（在擁擠的車廂裡看書已涉及占用空間）。

讓我覺得很糟的事	
	限制與例外
除了睡前時間，無時無刻在吃糖（即使這會造成異常亢奮，而且也不建議這麼做，但是我知道就算別人阻止我也沒用，因為甜甜的味道會一直吸引我）。	毫·無·例·外。讓人變得易怒。
在工作日慢慢享受一頓重口味的午餐。	毫無例外，之後會無法集中精神。
早上起床第一件事就是講電話。	唯一例外：前一天晚上發出一則事關重大的訊息，早上必須確認對方是否回覆。
無意識地滑手機。	例外的狀況包括：急需像僵屍般呆坐追劇時；實際上對自己有益時。

　　有效的自我照顧和了解與回應自己的界線，以及察覺自己選擇做另一件事來代替時的感受有關。試著有紀律地重新開啟你的動力，當然這並不一定實際可行。舉例來說，我知道經過充滿壓力的一天之後，和朋友見面會讓我感覺好一點（我得好好提醒自己這一點），沒什麼比聽朋友咆哮抱怨辦公室的小人莎朗竟然在小組會議中公然偷用她的點子，還來得讓你會心一笑（原來有人比你過得更糟），不過當我感到筋疲力盡時，我一點都不想出門，只想穿上寬鬆的運動褲橫躺在沙發上放空滑手機，旁邊再放一袋零食。現實是有時候你就是需要一遍又一遍的嘗試，才能找到適用於你的方法。還記得為自己負責和自我批評的區別嗎？還有另一種選擇是讓朋友替你盡責，我記得曾經告訴前男友自己有嗜甜食成癮的傾向，這往往也是我情緒低落和感覺很糟的原因。我會在低潮時整天不停嗑甜食，雖然吃的時候感覺很棒（糖果其實是好東西，別聽牙醫說的），然而當血糖曲線再度下降之後，我會感覺自己真是一團糟。毫無疑問，拜託自己的成年男友監督成年的自己不碰甜食簡直糟透了。但有效嗎？我不敢保證這是不是導致這段戀情無疾而終的原因，但還真的有效！

　　讓我們無法在休息時間好好休息的其中一個因素，應該

是社群媒體的使用。我們在前面的章節中曾經提到注意力經濟這個名詞，而在討論自我照顧時，這也是需要考慮的一個重點。畢竟我們都曾經像個殭屍一樣坐在沙發上追劇或滑手機，像隻實驗室裡想要得到獎勵的白老鼠那樣無意識地滑滑滑，在不同的應用程式之間來回點擊，想要發現似乎具娛樂效果又比平常更刺激的畫面[56]。我們似乎需要花點時間釐清自己和社群媒體的關係，以及它帶給我們的感受。一旦了解自己的界線之後，我們至少可以藉此限制自己的上線時間。你如何對待社群媒體，它就會以同樣的方式回報你。

　　回答下面的問題就是一個好的開始，你會知道自己的立場在哪裡：

1. 剛睡醒就開始瀏覽社群媒體會帶給你什麼感覺？
2. 如果一整天完全不接觸社群媒體，你有什麼感覺？
3. 你是否在一天中的特定時間特別想瀏覽社群媒體？你對此有什麼感覺？能夠克制嗎？還是覺得焦躁？
4. 請從 1 到 10 圈選社群媒體導致你拖延的程度？
5. 當你在社群媒體上貼文時有什麼感覺？你會受到大家對這篇貼文的回應影響嗎？

6. 某些帳號是否讓你感覺自己很糟？（解除追蹤他們，即使他們看起來能夠激勵人心。藉由損害自我價值來激勵自己根本是近乎變態的受虐待狂。你可以在對自己更有自信時再重新追蹤）。

7. 寫下過去一個星期內在社群媒體上看到三件對你產生影響的事。

8. 你最喜愛社群媒體的哪一部分？它讓你的人生有什麼不一樣？

　　我認為我們可以和社群媒體建立健康且有益的關係，但是大多數人都做不到。許多人似乎產生了依賴性。但只要我們盡量不讓它跨越「應用」的範圍（影響自我價值、改變我們在其他人面前呈現自我的方式），對我們就越好。別讓那些試圖控制你的外在的評論掌控真實的你。

　　雖然聽起來不算什麼特別的方法，但是我發現每天刻意將手機放在一邊，其實很有效。這對 Z 世代可能難以忍受，但是只要每天持之以恆堅持下去，就能對心理健康和生產力產生很大的影響。如同我之前說過的，除了處理行政事務之外，我在工作時其實很少用手機，但這只是一小步。所以下

班之後的回家路上，我會特別把手機放進袋子裡，而不是握在手上。（我姐看到這段還覺得我是不是瘋了？誰會把手機握在手上？我猜這也是個人習慣問題，但是知道自己是哪一種程度的手機使用「患者」，有助於了解該對自己多嚴格的程度拿捏。）拿回你的主導權，讓你知道自己做得到，這一點非常重要。如果你真的不相信自己做得到，你可能更需要釐清手機與社群媒體之於你的關係。無法和某樣東西分開三十分鐘以上是一種上癮，請面對這個問題。

在珍妮・奧德爾的《如何無所事事：一種對注意力經濟的抵抗》中，列有許多抵制注意力經濟的強大對策[57]，她透過史考特・波拉赫（Scott Polach）的藝術創作「掌聲鼓勵」（Applause Encouraged）為例，參與者必須在不使用手機或拍照的禁令下，進入一個可以欣賞落日的區域，當太陽西下後，所有的觀眾一起鼓掌。這場藝術展示本身解讀了許多人類與科技的關係，我不確定你是不是這樣，但是我看到美麗的落日時，幾乎每一次都立刻伸手掏出手機拍照。現在，我已經不是那些人了（抱歉了各位），我不再是看見什麼都需要拍照的那一代，因為我認為很多時候唯有留在腦海裡，才能留下不滅的美麗回憶。在之前的假期中（此時的我尚未閱讀珍

妮的書或看過史考特的作品），我突然出現類似的想法，然後決定我要每天看落日，而且不准拿出手機。老實說，我沒想過這會有什麼巨大的影響，但是除了耳邊呼呼作響的風聲之外，你可以從這片美景中感受到一股平靜的能量，重新喚起感官的感知能力，這是那些百億企業每一天從我們身上奪取的東西。我從來都不是那種擁抱大自然的小孩，但是我知道自己在大自然裡沒有手機的時候最快樂也最不焦慮，我卻很少讓自己和工作或手機保持足夠的距離，以便親近自然。

除了分析自己與社群媒體的關係之外，還有很多方式能夠維護你的身心健康。如果你不知道從何做起，以下這些普遍的做法就是很好的開端。不過就像我在第二章（還有幾乎整本書裡）強調的，有一些可能對你有效，有一些可能不見得。我還是希望說明這些方式不是原創，所以你可能也已經試過其中的幾個方法，但我確信越是簡單的事越需要被提醒，然後有意識地讓它們融入生活當中。

1. 動一動。 每天動一動，你不需要真的熱愛健身甚至上健身房，只需要每天多少動動身體。在辦公桌前坐一整天，晚上回家換到沙發上繼續坐，不會為身體帶來需要的動能刺

激。走路、運動、跳舞、跑步、做瑜伽、騎腳踏車、走樓梯⋯⋯總之就是讓身體動起來。

2. 每天至少外出一趟。就算只是去買個東西也好。你宅在家的時間越長，就越難出得了門，特別是正好又居家上班的時候。密閉空間恐懼症是真有其事，請關照自己的身心，否則你可能連生病了都不知道。

3. 表達感恩。你不需要大費周章寫感恩日記，只要在早上醒來時或晚上睡覺前說出三件你很感恩的事，就是那麼簡單。了解自己感恩的事能夠幫助你保持腳踏實地並欣賞現在擁有的一切。

4. 吃營養的食物。吃身體和大腦需要的維他命和礦物質，讓身心腦都健康。

5. ⋯⋯但是別太嚴格控制吃進嘴裡的東西。人生有比卡路里更重要的事，況且二十年之後你基本上不會因為自己吃下那塊放縱的布朗尼感到後悔不已。

6. 與人保持互動。用點心和新朋友與舊朋友保持聯繫，你可以決定聯繫的次數和頻率，因為根據證實，人與人的互動有益身心健康，更能幫助我們成長。不要因為忙碌而封閉自己不與人互動。

7. 笑口常開。 閱讀、聆聽、觀看或做會讓你開懷大笑的事情，尋找能讓自己開心的笑點。直到目前為止，我還是會被有人摔倒的橋段逗得哈哈大笑。

8. 讚美自己。 每天對自己說出三件你最愛自己的事，如果你做不到，問問愛你的人，然後再每天重複對自己說一遍。

9. 好好睡覺。 沒有什麼能比得上或代替睡眠帶來的好處。你需要足夠的睡眠，睡眠品質也同樣重要。有個簡單的技巧可以讓你好好睡覺，那就是至少在睡前三十分鐘避免使用電子產品。我前面也提過同樣的事，不過真的大力推薦閱讀馬修・沃克的《為什麼要睡覺？》這本書來深入了解。

10. 為其他人做好事。 這個世界上沒有所謂真正無私的行為，因為替別人做好事會讓你感覺非常好——雙贏！

你可能看著上面這一長串，然後腦中出現一個用來冥想的大圓圈。我從不冥想，但我認識的朋友都說效果強大。我這麼說可能有一點自打嘴巴，因為「無所事事的藝術」不就包括冥想在內嗎？我很清楚這個章節的重點，我們也在書中提到心流以及東方哲學與宗教思想。不過，雖然我確實肯定佛家提倡與實踐的正念，但我也看到冥想被炒作的一面，

所以我很難不將它和商業行為聯想在一起，而當我們覺得某件事物是被推銷販售時，就很難真的享受其中。但是知道有這個選擇，而且可能對我們有效就很重要，以上只是根據我個人的冥想經驗來說（就像你嘗試我覺得有效的其他事情一樣），重點是並非每一件事對每個人都能產生同樣的效果，所以請找出對你有用的方法。建議大家不妨多多嘗試不同的方式，記下你對每一種方式的感受，然後創造出屬於你獨有的自我照顧形式。你花越多時間探索並理解自己與這些形式之間的關係，就越能在波濤洶湧的人生旅程中保持理智，成功地航向目標。這就像編寫屬於自己的使用手冊一樣。

　　我在編寫這個章節的前一個週末早上醒來時，腦袋裡堆滿了自己當天早上需要做的事：需要進行的團隊討論、必須修改的創意簡報、批准之前想要修改的產品設計。就像我前面說的，自己已經訂下不在週末工作的規則，所以我讓自己陷入了兩難。除了靈感突然一湧而上之外，我也希望在工作上能夠領先拔得頭籌，好讓自己的團隊登上我想讓大家到達的地方。我的腦袋出現了兩個想法，一個是我已經安排好這天要做的事：先上健身課，然後開車到鄉下和朋友以及狗孩子一起在鄉間漫步，況且我也立下不能為了工作犧牲週末的

承諾。若是取消一切，絕對會讓我下個星期一邊工作一邊後悔，即使我還是會像往常一樣勤奮工作。我的腦袋快速轉動，我知道這些兩難的局面會讓我無法好好享受這個週末。所以我決定先去健身，到那裡之後再想想看該怎麼做。我當下完全不知道該怎麼做決定，也不確定怎麼做才好。但是在健身課上，我整個人逐漸平靜下來，思緒清晰地規劃每件事的先後優先次序，也想好該對每一個團隊宣布的重點。課程結束後，我回到家把剛剛想好的內容（我想做的改變和星期一想讓大家知道的事）全部條理分明地記錄下來。這樣在腦海中條理分明地分類其實對我的顧慮完全沒有實質上的幫助，但卻能安撫我的思緒，讓我能夠快速擬定計畫，也代表我可以安心地進行週末的自我照顧。

　　有時候傳統的自我照顧方式可能完全沒效，尤其是在你的界線與靈感噴發的時間點相互抵觸，或是工作在最後一分鐘堆滿整個桌面的時候。我們都經歷過壓力不堪負荷的日子，這時候洗個泡泡澡只會讓我們淹沒在壓力當中。對我來說，寫下問題是當下減輕壓力最有效的方式：找出你的憂慮、解決問題、放下。這有點像一場迷你療癒之旅，但是不必花什麼錢。結果我在那個星期六選擇的自我照顧方式，是將我

的擔心和想法拋到腦後，然後散步去，而不是放棄散步然後工作一整天（如果我三十分鐘後還不放下紙跟筆的話，可能就是這個結果）。有時候你需要聆聽身體的聲音，但還是必須緊守自己的界線，還好我們通常可以兩者兼顧。後來我在星期一重新瀏覽自己週末寫下的筆記時，慶幸自己當時沒把那些庸人自擾、毫無根據的焦慮發給大家，不然每個人一定會覺得我是不是瘋了！

因為事實上我需要時間來仔細考慮整個狀況，我的計畫和焦慮到了星期一只剩下一半需要真正擔心，其他的可以之後到了更適當的時間點再進行改善。所以當事情多到讓你招架不住時，我的建議是寫下來，制定一個大略的行動計畫，然後暫時卸下焦慮，再把問題擱著，過一段時間或需要進行前再評估一次，不然你可能一天到晚都在取消計畫。

我們永遠不可能想出一個萬無一失的方法，準確地決定什麼時候該做哪些事，什麼時候什麼事都不做。有時候我們甚至連自己想要的和需要的是不是同一樣東西都搞不清楚。無所事事的藝術是幸福、成功、平衡的生活的必要元素（這可不是銷售體內淨化環保之類的廣告詞），如果我們繼續將自我照顧歸類為類似邪教的改造運動，或只是浪費時間的事，

就永遠無法有效運用並享受它帶來的美好。其中的祕訣就在忽略那些從相互競爭而起的心態，靜心了解自己和自我的需求，明白讓自己感覺良好的東西是什麼，然後盡可能地運用。有時候我們需要的充電是躺在沙發上，有時候是和好朋友長談，有時候則是埋頭努力工作讓我們的感覺最好。但是如果一昧拒絕接受無所事事其實是我們的基本需求和最大優勢，那麼就不可能讓自己走向真正成功之路。我們不可能制定一個邁向成功的計畫，卻完全忽視我們不是萬能人類的事實，漠視我們的限制也可能是優勢。我們需要練習與實驗，嘗試不同的方式，然後找出對自己有效的，讓我們得以尊重與關心自己的工作與幸福。

自我照顧伴隨著對自己的溫柔與愛，知道自己有缺點也無所謂。你可以試著避開這些缺點，但有時候否認這些缺點就是否認自己，因為自我接納與自我價值才是自我照顧最重要的部分。你必須小心翼翼地照顧你的自我照顧，因為我們不是生產機器，更不是自我照顧的機器。就算在忙錄了一天之後，你發現某種自我照顧的方式毫無效果，那也沒關係。學習、運用、犯錯、再重來一遍，然後了解到這就是人生的一段過程。越早接受這一點，我們就能越早接受自己的限制，

然後繼續前進。

第八章

最後的想法

　　最初決定寫這本書時，老實說我完全不知道想要談論什麼樣的主題。網路、書本、調查研究有大量關於我們這一代的討論或探討，我也常常受邀在演講中提到這個話題，尤其是「如何針對 Z 世代做行銷」。而當我們談論生長在這個經濟衰退、科技進步，還有酪梨吐司顯然很受歡迎的世代，就像是談論這個世界誕生了新一代的「聰明綠寶寶」（源於十二世紀英國的「伍爾皮特綠孩」傳說，意指來自其他世界的孩子），我們期待自己會成為什麼樣的人？是否能夠戰勝氣候危機繼續生存？而科技的驚人進步是否能讓我們成為全新的人類物種？然而所有圍著新時代打轉的話題似乎很少談到真正的我，以及身為這個世代的一分子到底代表著什麼，所以我根本無從明白該從哪裡起頭。對我來說，這本書必需是我的自我發現，也是我想傳遞給讀者的已知。

　　於是我開始了自我的深入探索──我渴望的（無論我是

否真的想要）、影響我的、「為什麼」我想要，以及上述這些如何受到我目前的社經地位與職場環境所影響。我在探索的過程中當然也遇到一些瓶頸，畢竟身為直接受惠者的我，該以什麼樣的角度與身分解讀這一世代的工作期望？當我擁有一整個團隊接手我提出的每一個案子，也有近乎無限制的外包能力時，我所創建的生產力藍圖還算客觀嗎？聽到像我這樣處於優勢的人談論職場文化能產生啟發性嗎？或者只是令人嫌惡？

　　然而當我直面這些問題，並毫無保留地寫下有權做出的自我批判時，我也開始理解即使你百分之九十九不認同我說的那些廢話，至少你知道自己不認同的是什麼，因為問題不在關於這個世代的討論，而是這個世代缺乏真實的聲音，人們不斷地討論著我們，而我們甚至在不知道自己的想法之前，就接收了四面八方對這一個世代和現今職場世界的意見。我們接受各個角度的關注，任何行為都被放大檢視，每個人都等著看 Z 世代進入職場後的表現，看看我們到底喜歡什麼，是不是真的能勝任職場工作，還是我們只會跟著 TikTok 起舞。我們讓其他人定義自己是誰，告訴我們應該喜歡什麼，甚至在我們還不知道該如何為自己發聲之前就讓其他人為我們開

口侃侃而談。我們有權利拒絕這些言論，澄清我們如何在這個相互連結又分心渙散的世界裡工作，重新定義目標和生產力及兩者之間的一切對我們的意義。

我們這群綠色小孩大可拋棄這些成見謬論，然後重新開始選擇能與之產生共鳴的部分，從中改寫我們自己的定義。這個世界在過去二十至三十年間發生了巨大的改變，但我們不必接受所有的一切，我們有能力為自己開啟全新的一頁，因為我們目睹了所有的變化，我們能夠寫出屬於自己的故事，每一個人都可以。這不是任何一個人的專屬工作，我們越早擔起這個任務而非接受這個世界加諸在我們身上的評論或定義，就越接近理解我們是誰以及我們想要的是什麼。

我必須強調，如果你無法尊重並接受自己，那麼這一切都無法成立。你可以擁有全世界最好的生產力模式，隨時完成所有的事情，同時達到效率與平衡；但若你不尊重自己是誰，不尊重自己想要和需要的，一切都毫無意義。我在這本書中不斷強調這一點的重要性：沒有了自我照顧，生產力也將變得一文不值；沒有了休養生息，工作變得無所期待；如果無法肯定自己的努力，成功也就毫無意義。

我在過去這一年當中比過往更掙扎於「愛自己」這件事，

不是我認為自己不值得被愛，我也不是個壞人，而是不斷質
疑自己無法達到別人對我的期待，無論是家庭、感情、友誼
或線上的百萬網友們。我大概在兩年前做了一個決定，因為
我意識到自己的快樂來自於親力親為並在幕後建立我的品牌，
所以我開始將重心放在創造職涯的永續性，不再經常在網路
上時時分享生活的點點滴滴。雖然我真的很喜歡社群的感覺，
分享那些我做對和又做錯了的事，但我也發現自己的內在自
我價值與自我接納逐漸被外部肯定所主宰，我從未有意這麼
做，若因此受到指證歷歷，我一定力爭到底。但事實上，在
我最彷徨無助時，社群媒體的確帶領我成長。我不見得喜歡
自己，我大腦裡強烈的好勝心、覺得自己每一件事都無法做
到最好、內心多麼「渴望」被喜歡和被接受、難以接受任何
的批評，身為青少年的我面臨這一切再正常不過。但我記得
有一次和兒時最好的朋友試穿衣服時，我把鏡子裡的自己批
評得一無是處，她對我說我的自我厭惡和自我批評已經開始
讓別人也有這種感覺，如果我整個人生都在抱怨自己長得不
夠漂亮、表現得不夠好、拿不到好成績，或是無法做出最好
的選擇，那我就不可能接受自己，而任何人自然也不可能接
受這樣的我。她說得沒錯！

　　不久之後，我以為自己奇蹟般地戰勝那股強大的不安全感，並享受著神祕的自愛帶來的快意，但在過去這一年裡我才知道，我以為的癒合過程不過是被外在肯定覆蓋的一層繃帶，我一直不肯承認，只因為害怕看見撕開繃帶之後裸露的不安傷口。這完全就是典型的 Z 世代，我們用他人的肯定取代成長中那個重要卻不自在的部分，而自我接納在這之後才會出現。當我決定撕開繃帶之後，我發現自己又回到了原點。我認為自愛這個想法很詭異，因為即使我為自己挺身而出，堅持自己的能力，並喜孜孜地證明別人的錯，自我接納仍然無處可尋。它不僅僅只是認為自己很棒或欣賞自己的優點或忽略你的人生低谷；對我來說，它是一股難以言喻的神奇力量，難以尋得，也難以維持。而我，也和你一樣，正盡全力追尋那股力量。有些日子裡，我覺得自己就在那股力量裡，但其他日子顯然並非如此。這股力量忽上忽下，在自我接納的塵土中起伏流動，但是我終於知道它有多重要。我知道自我接納不是選擇，你必須接納自己，事實上，這本書裡的每一件事都需要自我接納這個跳板，來讓一切啟動並發揮作用。

　　身為人類，我們都希望被別人喜愛。這是人類生物進化的自然現象，我們都想要成為團體中的一分子。但是現在這

個理論比往常更不合理，我們被四面八方不請自來的言論所
轟炸，卻沒有能力消化處理這些訊息。我們都在網路的世界
裡，實際上每一個人的自我內在肯定已經輕易地被外在認同
所取代，我們的一切全都在網路上演，無論是最新的作品、
職務升遷，還是如何度過空閒時間，但如果沒有人按讚祝賀，
大多數人都會突然悵然所失。當然也有人從不使用社群媒體，
但我確定自己絕對不屬於這少之又少的一群，因為我根本就
是個重度社群媒體患者，我們每天不斷持續地掛在網路上，
尋求被人接受與認可的自我價值。

　　我知道想要被每個人喜愛一點也不合理，再仔細一想，
我甚至不想被每一個人喜歡（我也不喜歡自己在網路上遇到
或看到的每一個人），但是當我知道有人不喜歡我的時候，
我的心情仍然大受影響，也影響了我愛自己。然而我也逐漸
理解這不一定都和愛自己有關，而是無條件地接納自我，我
的意思不是做什麼都可以，或是有錯也不必改那一種，而是
接受自己本來的面貌，包括缺點。有時候你甚至必須在自己
與失敗之間保持中立，這也是為什麼我覺得愛自己有時候很
難掌握，畢竟我不會在一個星期裡第三次取消上健身房，或
因為被某些不重要的事情分了心所以只完成不到一半的待辦

事項之後，看著鏡子裡的自己然後大喊「我愛你」！無論你愛的人做了什麼或是有哪些缺點，你對他們總是會比對自己還要寬容，那也就是為什麼愛自己比愛其他人更困難的原因。雖然我們心裡沒有玫瑰色的鏡片讓自己的一切看起來更美好，但也沒必要把珍貴的人生浪費在盯著自己和自己的錯誤上——這麼做也不會幫助你有所提升。我曾經設下嚴厲苛刻的標準來期待自己成為什麼樣的人，我也曾經相信自我批評和不斷地自我貶低，是每一次錯誤與失敗的苦口良藥。然後我才明白，真的不是這樣，這麼做一點都沒有效，也完全沒有必要。放下批判，但是對自己的行為與決定負責，比每一天的自我批評更有效。

　　自我價值是你能為自己所建立的最重要資產，而且任何人都做得到。自我價值不能等到你達成目標才擁有。本質上來說，無論目標有沒有達成，你都必須擁抱自我價值；沒有自我價值你或許也無法真正達成目標。我不確定一個人如果缺乏自我價值，是否還能充分感受到成功的榮耀，因為沒有了它，你永遠不會讓自己擁有成功的感覺。人生有起有落，或許這正是人生的最佳寫照，所以在你內心深處需要無條件地了解一件事：你，值得！

　　我無意叫你停下腳步，別再去高攀你想抵達的山頂，接受你的夢想最遠就只能到這裡的現實景況，我想說的是你正走在人生的旅程上，不可能一個晚上就攻頂。有時候這條人生的道路會突然需要改道，有時候需要掉過頭重新確認目標，有時候你甚至必須一次又一次地確認這條路錯不了。所以請允許自己踏上這段實現抱負與夢想的旅程——無論在職場、生活或是感情上，這是自我接納的最高表現，也是最有能量的自我肯定。如果你不讓自己擁有成長所需要的愛與接納，自然無法期待有所進步。你需要接納自己，肯定自己現在的樣子，才能相信自己有能力抵達想去的地方。如果你並非真心相信自己、認可自己的能力，又如何繼續走下去？同樣地，如果你無法接受自己目前的狀態，又如何能為自己開創出一條實際可行的方向，前往你明天想抵達的地方？

　　自我價值是這本書中的力量。當你發展出自我價值之後，你也將擁有自我責任、自我接納，同時了解你有責任為自己開創想要的生活。為了實現這一切，你需要隨時一次又一次地提醒自己：是否需要更努力工作，或者除非有所改進或增加些什麼，否則就無法樂在工作；又或者你目前的生產力模式只會讓自己的精力消磨殆盡，休息幾天之後又重蹈覆徹，

而不是尊重你的極限和界線。有時候你可能想要或需要暫停一下，這完全可接受，而且很重要。不過，你需要學會在適當的地方畫出界線。為了實現你的夢想，我能給的唯一建議就是時常思考自己想要的是什麼，然後無論前方有任何阻礙，都能讓自己有紀律地去為想抵達的地方和想要的生活而奮鬥。你不能指望所有的事情都會立刻改變，如果你不花時間找出正確的方向與目標，一切都不會發生。

我經常感到迷惘，也曾經想像某一天從迷霧中走出來，一切突然清晰晴朗——我的成功之路豁然開展，我不但愛自己、接受自己，別人也是這麼對我——但我知道這種事不太可能發生。我無法控制每一件事情的結果，不可能決定不可知的未來，唯一可以決定的就是我自己、我做的事、我所吸引的事物。自我實現是我現在隨時不變的目標，因為我堅信它是帶領我走向渴望之處的工具，不是圍著營火喃喃祈禱那種，而是一種意念，不讓自己走上其他人為我安排的道路，而是踏上一條我為自己開創的路。我的終極目標是在這一刻，在這一段旅程，有意識地重新審視與調整每一天，以達到自我實現。

所以，接下來呢？我希望你開始談論，也希望你與別人

深入討論，更希望你在朋友面前反對我的觀點。開啟對話，跳離舒適圈，在不太舒適的環境中感到自在，並與所愛的人一起度過這一生。這一切沒有所謂的正確答案。就請你答應我一件事：在你翻過這本書的最後一頁之後，你會談起這些話題，你會深入了解自己和朋友們的生活，你會在晚餐時放下手機，花點時間聊聊什麼事情讓你感到快樂，什麼事情讓你覺得茫然，還有你想前往什麼地方。那麼我向你保證，無論那個地方在哪裡，你都能夠踏上通往目的地的旅程。

致　謝

致我的編輯團隊，他們值得最大的肯定。

致艾比（Abi），感謝她為出版這本書帶來的絕大動力，協助我將無窮無盡的意識與領悟培育成有價值的東西，並在整個書寫過程中分享聰穎的洞察力，以及你和梅根（Megan）的支持，讓我從頭開始一點一滴地完成一本書，這是我從未做過的事。

致愛麗絲（Alice），來自天堂的編輯加姐姐的混合體。感謝你花了無止盡的時間理解我的想法，給我經過幾個月的寫作之後急需的信心打氣。和你一起工作就像與我自己大腦最棒的那一部分共同工作一樣，裡面有非常豐富的資訊，每一秒都讓我非常愛。

致安娜（Anna），我在赫金森（Hutchinson）的編輯，謝謝你每一個階段的陪伴，謝謝你鼓勵我做自己，不必跟隨其他人的聲音，並將我的十分鐘語音筆記變成值得談論的議題。

也謝謝你在我面對前所未有的壓力時耐心安撫我，配合我缺乏彈性的工作模式，也傾聽我的每一個擔憂。

致赫金森與企鵝藍燈書屋的所有工作人員，謝謝你們用各種方式支持這本書，允許我在一個似乎離我的專業相去甚遠的議題上自由發揮，更感謝你們對我的信任，讓我有機會分享這個非常重要的對話。

沒有你們，這本書就不可能出現，而在我大腦裡的仍舊只會是一堆無法產出的雜亂想法。

致我的朋友：

史提夫（Steph），謝謝你持續並優雅地與我分享你的脆弱，提供你最坦誠的想法，同時允許我與你進行我希望和自己進行的對話。你每天都鼓舞、啟發我。

艾莉莎（Alisha），謝謝你從第一天起就是我的頭號粉絲，謝謝你讓我成為你最好的朋友，也謝謝你真正地理解我。

湯姆（Tom）、梅根（Megan）和艾莫洛（Emerald），謝謝你們在我工作到忘了食物是什麼的時候，幫我做烤豆吐司；在漫長的一天似乎永遠不會結束時，遞給我一杯酒；在我需要寫作的時候，即使同在一個房子裡，也給我獨處的空

間，然後在我需要你們的時候，總是出現在我的身邊。

布隆（Bron），感謝你在某些非常糟糕的初稿上，分享你獨一無二的智慧與洞察力，並在這本書出版的前一個月幫助我度過完全崩潰期，真的很謝謝你的陪伴。

蒂芙（Tiff），謝謝你成為我從未有過的好朋友，允許我逃到讓我思緒源源不絕的咖啡店寫下這本書，更在我回家時早已在家裡等著我。我原諒你篡奪了我的狗對我的愛，我知道你們就是靈魂伴侶。

致每一位在牛津大學的人，在我無所不用其極地想要急著長大的那幾年，讓我擁有需要的大學回憶。謝謝你們教會我沒有必要成為教室裡最聰明的人，讓我開始癡迷於閱讀永遠無法完全理解的東西。

艾莉西亞（Alicea）、莎拉（Sarah）、維芮堤（Verity），謝謝你們從一開始就一直是我的啦啦隊，幫助我相信自己，讓我的想法成真，同時比我單獨一人能做到的更好，而且無論我的想法有多瘋狂，永遠支持到底。謝謝你們的深夜相伴，並給予我的文章如此慷慨的反饋。

亞歷克斯（Alex），你令人敬佩的職業道德與冷靜的方向引導啟發了我，謝謝你的鼓舞，幫助我度過幾個月來的每一

秒，雖然時間不長，卻很窩心。

尚恩（Shan），感謝你比我更早察覺到了我的潛力，幫助我結合了對工作的熱情與自我成長，並不時促使我做得更好。希望你能原諒我摒棄了奮鬥文化。

蕾西（Lexi），謝謝你在那個二月走進了我的生活，而且看起來一如過往的迷人，並改變了一切。你提升了我的能力，讓我能夠完成工作上的每一個需求，更在我歷經一路顛簸時，一直當我的朋友。和你一起工作有無窮的樂趣，因為有了你的支持、愛與友誼，這一切才可能成真。我每天都感謝擁有你這個幸運星。

致 TALA 與 SHREDDY 團隊，謝謝你們為這間公司所做的一切，因為你們，這家公司才能走到今天的地位。謝謝你們接受我異於傳統的領導模式，也感謝你們力求完美，並從一個小小理想的跟隨，跟著這個品牌一起茁壯。我希望你們像我一樣，為自己所達成的事感到驕傲。

致我的家人：

謝謝你們教了我幾乎每一件我所知道的事，引領我腳踏

實地，並教我挑戰眼見的一切。謝謝你們比我更有智慧，在我做出那個非常糟糕的黏土雕塑時，還是對我很好。

薇奧萊特（Violet），謝謝你這麼多年來都一直是我的好朋友，時時刻刻對我付出關懷。謝謝你如此了解我，並當我需要你的時候，無論如何都陪伴著我。

佛蘿拉（Flora），謝謝你教會了我很多如何做自己，教我如何過自己想過的生活。謝謝你如此聰慧，讓我知道如何永遠不受任何人的質疑。

愛麗絲，再次感謝你這個最強大的姐姐，你是我的力量。

還有我的母親，謝謝你在我的身邊，教會我每一件事，用你美妙、古怪、搞笑和強大的自我，讓我知道做真正的自己最美麗。謝謝你向我顯現當一名職業婦女無可比擬的光彩，不讓我倚賴除了自己之外的任何人。你用做你自己來教我做自己，我很榮幸聽到別人說我跟你很像，即使那曾經讓我們在聖誕節時起了爭執。你坦然擁抱完整的自己這件事，給了我前所未有的啟發，而你所做的每一件事都是我希望自己未來也能步上的後塵。

我的父親，謝謝你在不知不覺中成為我的穩固磐石，賦予我對成就、進步和成功永不滿足的追求。謝謝你在我消沉

時的慰藉，並將你寶貴的智慧傳授予我。我不知道為什麼自己在這個月之前，從不曾因為絕望無助打電話給你。你就是我需要的一切，若不是有你，我絕對撐不過這一年。我非常幸運地擁有了你，如果可以每天和你這麼優秀的人一起工作和生活，我願意放下自己堅持的獨立生活。

　　最後，謝謝每一位在網路上支持我的人，你們給的支持常常比我自己還要更多。謝謝你們讓我茁壯、成長，並成為我自己，並在每一個人生轉捩點陪我度過，幫助我成為最好的自己，並在我力不從心的時候支持我。

閱讀清單

　　閱讀是我最愛的一種自我照顧方法——作為真正讓精神完全脫離外界的唯一活動，這件事是我的第一首選。但是，就像其他我認為是苦差事的事情一樣，我仍然必須自律才能真正開始閱讀。

　　去年，我開始意識到把早上的時間耗在社交媒體是有害的，而且會立刻降低我一整天的創造力和熱情。我也發現在旅途中不斷地擁有一本商業書籍是令人生畏的，於是我開始在月初時統整線上資源，這樣我每天早上就可以拿起一篇文章，一邊喝咖啡一邊閱讀。很有創意吧？一點也不。但這使我重新開始閱讀，並允許自己隨時翻開與闔上書本，不再覺得自己必須從頭到尾讀完，這似乎也使閱讀變得不那麼麻煩了。

　　現在，我會準備好幾本書，以滿足我所追求之不同類型的脫離，有時候我想要沉重且具有高度教育意義的東西，有時候則只想要一篇輕鬆的評論文章。

　　以下這些是我最喜歡的資源，能夠用來查找我特別喜歡的文章和書籍。加入你的資源，並觀察自己如何培養知識的深度和廣度。

圖書

商業、自我發展與想法

- Atomic Habits: An Easy & Proven Way to Build Good Habits & Break Bad Ones, James Clear (2018) 《原子習慣：細微改變帶來巨大成就的實證法則》方智，2019 年。

- Big Friendship: How We Keep Each Other Close, Ann Friedman and Aminatou Sow (2020)

- Black Box Thinking: Marginal Gains and the Secrets of High Performance, Matthew Syed (2015) 《失敗的力量：Google、皮克斯、F1 車隊從失敗中淬煉出的成功秘密》商周出版，2016 年。

- Can't Even: How Millennials Became the Burnout Generation, Anne Helen Petersen (2021) 《集體倦怠：沒有熱情、沒有夢想、沒有未來，這就是千禧世代生活的殘酷世界》高寶，2021 年。

- Deep Work: Rules for Focused Success in a Distracted World, Cal Newport (2016)《*Deep Work 深度工作力：淺薄時代，個人成功的關鍵能力*【暢銷新裝版】》時報出版，*2021 年*。

- Difficult Women: A History of Feminism in 11 Fights, Helen Lewis (2020)

- Digital Minimalism: Choosing a Focused Life in a Noisy World, Cal Newport (2019)《*深度數位大掃除：3 分飽連線方案，在喧囂世界過專注人生。*》時報出版，*2019 年*。

- Find Your Why: A Practical Guide for Discovering Purpose for You and Your Team, Simon Sinek with David Mead and Peter Docker (2017)《*找到你的為什麼：尋找最值得你燃燒自己、點亮別人熱情的行動計畫*》天下雜誌，*2018 年*。

- Flow: The Psychology of Optimal Experience, Mihaly Csikszentmihalyi (1990)《*心流：高手都在研究的最優體驗心理學（繁體中文唯一全譯本）*》行路，*2019 年*。

- Freakonomics: A Rogue Economist Explores the Hidden Side of Everything, Steven D. Levitt and Stephen J. Dubner (2006)《*蘋果橘子經濟學*【擴充・修訂紀念版】》大塊文化，*2010 年*。

- Grit: The Power of Passion and Perseverance, Angela Duckworth

(2016)《恆毅力：人生成功的究極能力【暢銷新訂版】》天下雜誌，2020 年。

- How Do We Know We're Doing It Right?: Essays on Modern Life, Pandora Sykes (2020)

- How to Do Nothing: Resisting the Attention Economy, Jenny Odell (2019)《如何「無所事事」：一種對注意力經濟的抵抗》經濟新潮社，2021 年。

- Any of the Merky Books How to… series. At the point of compiling this list, the books in the series are: How to Build It: Grow Your Brand (Niran Vinod and Damola Timeyin), How to Change It: Make a Difference (Joshua Virasami), How to Write It: Work With Words (Anthony Anaxagorou), How to Calm It: Relax Your Mind (Grace Victory), How to Save It: Fix Your Finances (Bola Sol) and How to Move It: Reset Your Body (Joslyn Thompson Rule)

- Lean In: Women, Work and the Will to Lead, Sheryl Sandberg (2013)《挺身而進》天下雜誌，2018 年。

- Little Black Book: A Toolkit for Working Women, Otegha Uwagba (2017)

- Me and White Supremacy: How to Recognise Your Privilege, Combat Racism and Change the World, Layla Saad (2020)

- Mind Over Clutter: Cleaning Your Way to a Calm and Happy Home, Nicola Lewis (2019)

- ReWork: Change the Way You Work Forever, Jason Fried and David Heinemeier Hansson (2010)

- Self-Care for the Real World, Nadia Narain and Katia Narain Phillips (2017)

- Start With Why: How Great Leaders Inspire Everyone to Take Action, Simon Sinek (2011)《先問，為什麼？：顛覆慣性思考的黃金圈理論，啟動你的感召領導力（新增訂版）》天下雜誌，2018 年。

- Superfreakonomics: Global Cooling, Patriotic Prostitutes and Why Suicide Bombers Should Buy Life Insurance, Steven D. Levitt and Stephen J. Dubner (2010)《超爆蘋果橘子經濟學〔典藏紀念版〕》時報出版，2018 年。

- Taking Up Space: The Black Girl's Manifesto for Change, Chelsea Kwakye and Ore Ogunbiyi (2019)

- The 4-Hour Workweek: Escape the 9–5, Live Anywhere and Join the New Rich, Timothy Ferriss (2007)《一週工作4小時：擺脫朝九晚五的窮忙生活，晉身「新富族」！【全新增訂版】》平安文化，2014年。

· The Happiness Trap: Stop Struggling, Start Living, Dr Russ Harris (2007)

· The Little Book of Talent: 52 Tips for Improving Your Skills, Daniel Coyle (2012)

· The Panic Years: Dates, Doubts and the Mother of All Decisions, Nell Frizzell (2021)

· The Productivity Project: Proven Ways to Become More Awesome, Chris Bailey (2016)《最有生產力的一年》天下文化，2019年。

· The Working Woman's Handbook: Ideas, Insights and Inspiration for a Successful Creative Career, Phoebe Lovatt (2017)

· Too Fast To Think: How to Reclaim Your Creativity in a Hyper-connected Work Culture, Chris Lewis (2016)《創意焦慮時代的緩慢思考術：在高度網路化職場，擺脫資訊過載、掌握決策關鍵，活絡右腦的創意解方》木馬文化，2018年。

· Trick Mirror: Reflections on Self-Delusion, Jia Tolentino (2019)

- Unfinished Business: Women, Men, Work, Family, Anne-Marie Slaughter (2015)
- Use Your Difference to Make a Difference: How to Connect and Communicate in a Cross-Cultural World, Tayo Rockson (2019)
- Whites: On Race and Other Falsehoods, Otegha Uwagba (2020)
- Who Cares Wins: Reasons for Optimism in Our Changing World, Lily Cole (2020)
- Why We Sleep: The New Science of Sleep and Dreams, Matthew Walker (2017)《為什麼要睡覺？：睡出健康與學習力、夢出創意的新科學》天下文化，2019 年。
- Work Rules!: Insights from Inside Google That Will Transform How You Live and Lead, Laszlo Bock (2015)《Google 超級用人學：讓人才創意不絕、企業不斷成長的創新工作守則》天下文化，2015 年。

回憶錄

今年我才真正進入回憶錄和自傳。我必須承認，我有一個誤解，認為它們都是，嗯，枯燥的，而不是會讓我真的自己迷失在其中的東西。我錯了！以下是我最喜歡的自傳——

從有趣的到淒美的，再到徹頭徹尾的心碎。

- Becoming, Michelle Obama (2018)《成為這樣的我：蜜雪兒·歐巴馬》商業周刊，2018 年。

- Everything I Know About Love, Dolly Alderton (2018)

- How To Fail: Everything I've Ever Learned from Things Going Wrong, Elizabeth Day (2019)《慶祝失敗：從愛情、工作到生活，我在挫折裡學到的事》大好書屋，2020 年。

- Minor Feelings: A Reckoning on Race and the Asian Condition, Cathy Park Hong (2020)

- More than Enough: Claiming Space for Who You Are, Elaine Welteroth (2019)

- Priestdaddy, Patricia Lockwood (2017)

- What I Know for Sure, Oprah Winfrey (2014)《關於人生，我確實知道……：歐普拉的生命智慧》天下文化，2015 年。

- Wouldn't Take Nothing for My Journey Now, Maya Angelou (1993)

- Year of Yes: How to Dance It Out, Stand in the Sun and Be Your Own Person, Shonda Rhimes (2015)《這一年，我只說 YES：TED 演講激勵 300 萬人！《實習醫生》、《謀殺入門課》

全美最具影響力的電視製作人最真摯的告白！》平安文
化，2017 年。

Podcast

- Freakonomics Radio

- How I Built This

- How To Do Everything

- Power Hour

- Revisionist History

- TED Talks Daily

- The Debrief

- The Naked Scientists

- The Tim Ferriss Show

- Unlocking Us

- Where Should We Begin?

- You Are Not So Smart

線上資源

- Bitch Media

- Business Insider
- Bustle
- Dazed Digital
- Fast Company's 30-Second MBA
- Forbes Magazine
- gal-dem
- Harvard Business Review
- Inc. Magazine
- Longform
- Longreads
- McKinsey
- New York Times
- TED-Ed
- The Cut

注　釋

前言

1. 'As I write ...', 'UK unemployment rate continues to surge', *BBC News*, 10 November 2020.

2. 'In a 2016 ...', Bernard Salt, 'Evils of the hipster cafe', *The Australian*, 15 October 2016.

3. 'In fact, the ...', 'The avocado toast index: How many breakfasts to buy a house?', *BBC Worklife*, 30 May 2017.

4. 'In her viral ...', Anne Helen Petersen, 'How Millennials Became the Burnout Generation', *Buzzfeed News*, 5 January 2019.

5. 'Burnout', definition taken from World Health Organization, 'Burn-out an "occupational phenomenon" : International Classification of Diseases', published 28 May 2019, available on who.int.

6. 'Erin Griffith wrote ...', Erin Griffith, 'Why Are Young People Pretending to Love Work?', *New York Times*, 26 January 2019.

7. 'Petersen largely concludes that ...', Petersen, op. cit.

8. 'In his 2019 ...', Alex Collinson, 'The toxic fantasy of the "side hustle" ', *Prospect Magazine*, 19 August 2019.

9. 'Every moment of ...', Jenny Odell, *How to Do Nothing: Resisting the Attention Economy* (New York: Melville House, 2019).

10. 'Opportunity cost', definition taken from *A Dictionary of Accounting*, ed. Jonathan Law (Oxford: Oxford University Press, 2016). Available on oxfordreference.com.

第一章　找出人生目的

11. 'the reason for which ...', 'a person's sense of ...', definitions taken from Google's English dictionary provided by Oxford Languages.

12. 'ran a LinkedIn survey ...', Lauren Vesty, 'Millennials want purpose over paychecks. So why can't we find it at work?', *Guardian*, 14 September 2016.

13. 'Dr Harris argues ...', Russ Harris, *The Happiness Trap: Stop Struggling*, Start Living (London: Constable & Robinson, 2007).

14. 'Multi-hyphenate', definition taken from Emma Gannon, *The Multi-Hyphen Method: Work Less, Create More: How to make your*

side hustle work for you (London: Hodder & Stoughton, 2018).

15. 'We all have ...', Elaine Welteroth, quoted in Phoebe Lovatt, *The Working Woman's Handbook: Ideas, Insights, and Inspiration for a Successful Creative Career* (London: Prestel, 2017).

16. 'It's very likely ...', Cindy Blackstock, workshop at the National Indian Child Welfare Association Conference, 2014.

17. 'The realisation or ...', definition taken from Lexico.com by Oxford University Press, 2020.

18. 'There is no glory ...', Eve Ewing, quoted in Elaine Welteroth, *More Than Enough: Claiming Space for Who You Are (No Matter What They Say)* (London: Ebury Press, 2019).

19. 'Emma Gannon's list ...', from a tweet by Emma Gannon (@EmmaGannon), 13 February 2020.

20. 'in Welteroth's words ...', Welteroth, quoted in Lovatt, op. cit. p. 33 *'Flow', definition taken from Mihaly Csikszentmihalyi, Flow: The Psychology of Optimal Experience* (New York: Harper and Row, 1990).

21. '10,000-hours rule', definition taken from Daniel Levitin, quoted in Malcolm Gladwell, *Outliers: The Story of Success* (London:

Allen Lane, 2008).

第二章　提升效率的方法

22. 'Tim Ferriss's 4-hour ...', Timothy Ferriss, *The 4-Hour Work Week: Escape the 9–5, Live Anywhere and Join the New Rich* (New York: Crown Publishers, 2007).

23. 'Working smart', definition taken from Morten Hansen, 'Working Smart - Defined by a Study of Over 5,000 Managers and Employees', *Thrive Global*, 20 June 2018.

24. 'Deep work', definition from Cal Newport, *Deep Work: Rules for Focused Success in a Distracted World* (London: Piatkus, 2016).

25. 'Ferriss sums up ...', Ferriss, op. cit.

26. 'Deep work is ...', Newport, op. cit.

27. 'non-cognitively demanding ...', ibid.

28. 'Entrepreneur Steve Olenski ...', Steve Olenski, quoted in John Rampton, '15 Ways to Increase Productivity at Work', *Inc.*com, 4 February 2015.

29. 'According to a study ...', Rachel Emma Silverman, 'Workplace Distractions: Here's Why You Won't Finish This Article', *Wall*

Street Journal, 11 December 2012.

30. 'Pareto's Principle', definition taken from Richard Koch, *The 80/20 Principle: The Secret of Achieving More with Less* (London: John Murray Press, 1997).

31. 'James Clear's book ...', James Clear, *Atomic Habits: An Easy & Proven Way to Build Good Habits & Break Bad Ones* (London: Random House Business, 2018).

32. 'in his theory ...', ibid.

第三章　跟著心流走

33. 'Boreout', definition taken from Pablo Vandenabeele, quoted in Lauren Geall, 'Boreout: how to spot the tell-tale signs and what you can do about it', *Stylist*, 11 August 2020.

34. 'The concept of flow ...', Mihaly Csikszentmihalyi, *Flow: The Psychology of Optimal Experience* (New York: Harper and Row, 1990).

35. Diagram on this page adapted from Csikszentmihalyi, op. cit.

36. 'According to Csikszentmihalyi ...', ibid.

37. 'Csikszentmihalyi also suggests ...', ibid.

38. 'If challenges are ...', ibid.

39. 'Echo chamber', definition taken from Lexico.com by Oxford University Press, 2020.

第四章　成功的定義

40. 'who we are ...', Malcolm Gladwell, *Outliers: The Story of Success* (Allen Lane, 2008).

41. Diagram on this page adapted from an Instagram post by Dr Nicole LePera (@the. holistic.psychologist), 2 May 2020.

42. 'Impostor syndrome', definition taken from Audrey Ervin, quoted in Abigail Abrams, 'Yes, Impostor Syndrome Is Real. Here's How to Deal With It', *Time*, 20 June 2018.

43. 'inner thermostat setting', Gay Hendricks, *The Big Leap: Conquer Your Hidden Fear and Take Life to the Next Level* (New York: HarperOne, 2009).

第五章　重新定義生產力

44. '*karoshi* is the ...', Justin McCurry, 'Japanese woman "dies from overwork" after logging 159 hours of overtime in a month',

Guardian, 5 October 2017.

45. 'In 2019 (while ...', Trade Unions Congress, 'British workers putting in longest hours in the EU, TUC analysis finds', issued 17 April 2019, available on tuc.org.uk.

46. 'compared to any ...', Alan Jones, 'British workers put in longest hours in EU, study finds', *Independent*, 17 April 2019.

47. 'Taking a look ...', Alanna Petroff and Oceane Cornevin, 'France gives workers "right to disconnect" from office email', *CNN Business*, 2 January 2017.

48. 'divvy up job ...', Jacinda Ardern, quoted in Karen Foster, 'The day is dawning on a four-day work week', *The Conversation*, 4 June 2020.

49. 'In her essay ...', Jia Tolentino, 'The I in Internet', *Trick Mirror: Reflections on Self-Delusion* (London: Fourth Estate, 2019).

第六章　擁有一切

50. 'In her 1982 ...', Helen Gurley Brown, *Having It All: Love, Success, Sex, Money, Even if You're Starting With Nothing ...* (New York: Simon & Schuster, 1982).

51. 'when single women ...', Sali Hughes, 'Helen Gurley Brown: how to have it all', *Guardian*, 14 August 2012.

52. 'Yet in a survey ...', Equality and Human Rights Commission, 'Employers in the dark ages over recruitment of pregnant women and new mothers', published 19 February 2018, available on equalityhumanrights.com.

53. 'Self-sabotage', definition taken from Dr Judy Ho, *Stop Self-Sabotage: Six Steps to Unlock Your True Motivation, Harness Your Willpower, and Get Out of Your Own Way* (New York: HarperCollins, 2019).

第七章　無所事事的藝術

54. 'that Thomas Edison ...', Olga Khazan, 'Thomas Edison and the Cult of Sleep Deprivation', *The Atlantic*, 14 May 2014.

55. 'I loved Caroline ...', Caroline O'Donoghue, 'Stop Pretending Your Flakiness Is Self-Care', *Grazia*, 1 May 2018.

56. 'reward-seeking, lab ...', Jia Tolentino, 'The I in Internet', *Trick Mirror: Reflections on Self-Delusion* (London: Fourth Estate, 2019).

57. 'In Jenny Odell's …', Jenny Odell, *How to Do Nothing: Resisting the Attention Economy* (New York: Melville House, 2019).

高寶書版集團
gobooks.com.tw

RI 367
偶爾無所事事，工作更有意思：
誰說奮鬥和躺平只能二選一？Z 世代創業家教你找到自己的方式，闖出另一條路！
Working Hard, Hardly Working: How To Achieve More, Stress Less And Feel Fulfilled

作　　者	格蕾絲‧貝芙麗（Grace Beverley）
譯　　者	何佳芬
責任編輯	林子鈺
封面設計	Z 設計
內頁排版	賴姵均
企　　劃	何嘉雯

發 行 人	朱凱蕾
出　　版	英屬維京群島商高寶國際有限公司台灣分公司
	Global Group Holdings, Ltd.
地　　址	台北市內湖區洲子街 88 號 3 樓
網　　址	gobooks.com.tw
電　　話	（02）27992788
電　　郵	readers@gobooks.com.tw（讀者服務部）
傳　　真	出版部（02）27990909　行銷部（02）27993088
郵政劃撥	19394552
戶　　名	英屬維京群島商高寶國際有限公司台灣分公司
發　　行	英屬維京群島商高寶國際有限公司台灣分公司
初版日期	2022 年 10 月

國家圖書館出版品預行編目（CIP）資料

偶爾無所事事，工作更有意思：誰說奮鬥和躺平只能二選一？Z
代創業家教你找到自己的方式，闖出另一條路！/ 格蕾絲．貝
芙麗 (Grace Beverley) 著；何佳芬譯 . -- 初版 . -- 臺北市：
英屬維京群島商高寶國際有限公司臺灣分公司 , 2022.10
　　面；　　公分 .--（致富館；RI 367）

譯自：Working hard, hardly working : how to achieve
more, stress less and feel fulfilled

ISBN 978-986-506-528-7（平裝）

1. 職場成功法　2. 工作心理學

494.35　　　　　　　　　　　　　　　111013641